無麵粉＋低醣＋低脂＝好吃！

33 道零麩質的
米粉&黃豆粉甜點

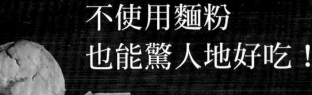

不使用麵粉
也能驚人地好吃！

不必忍受
不吃甜食的痛苦！

調整腸胃健康！

心靈和身體
都非常滿足！

改善女性特有的身體問題！

美味可口
又不造成身體的負擔！

悠哉製作也OK！

對控制飲食和
肌膚保養都有益！

滿足想要吃甜點
和麵包的欲望！

作法輕鬆，
心情HAPPY！

自然減少
對甜食的依賴！

序

近年來，避免攝取小麥中含有的一種蛋白質「麩質」的飲食方法——無麩質飲食（Gluten-free），漸漸廣為人知。

隨著無麩質飲食越來越熱門，我也聽說了許多關於無麩質甜點的話題。

其中也有「甜點還是用麵粉製作最好吃」、「有益身體健康的甜點都不好吃」這類對無麩質甜點抱持負面意見的說法。

學習製作法式甜點的我，一開始也先入為主地這麼認為。但另一方面，由於工作的關係，我在短時間內因為試吃而增加了許多麵粉的攝取，有過對於小麥過敏的擔憂。於是在接下來的數年間，我利用工作空檔的閒暇時間，嘗試製作了許多不使用麵粉的甜點。

然後，發現竟然如此美味、如此有趣！

並不是「不使用麵粉＝無法製作甜點」而是「不使用麵粉＝使用各式各樣其他種類的粉」。

事實上，有許多種類的粉都不含麩質。
利用這些粉類的天然味道和特質，能夠作出非常多比使用麵粉更加美味的甜點！

沒錯！無麩質飲食的英文Gluten-free中的Free不等於Off（沒有），而是Freedom（自由）。不使用麵粉，還有許多更加美味的粉類可以選擇！
美味又不會造成身體負擔的甜點，可能性無限。

本書以無麩質飲食經常使用、近年來在超市等店面容易購買的米粉和黃豆粉為基礎，介紹了各式各樣的甜點食譜。

本書如果能夠作為讀者們「製作不會造成身體負擔的美味甜點」的契機，我將會非常開心。

木村幸子

Contents

PART 3　黃豆粉甜點

PART 4　雲朵麵包

本書的規則

＜關於材料、份量＞
◆ 食譜所標示的重量，在沒有特別註明的情況下，都是指淨重（水果去皮去籽後，純粹果肉的重量）。
◆ 在沒有特別註明的情況下，材料皆為洗淨後去皮使用。
◆ 份量表中1杯為200ml、1大匙為15ml、1小匙為5ml。

＜火候的控制＞
◆ 若沒有特別註明，皆為中火加熱。

＜關於微波爐、烤箱＞
◆ 食譜所使用的微波爐功率為600瓦，因此若是使用500瓦的微波爐，加熱時間要乘以1.2倍。
　（例如：600瓦2分鐘→500瓦2分鐘24秒）
◆ 本書使用的是有烤箱功能的SHARP微波爐，型號為RE-SX50-S。
　食譜所標示的烘烤溫度及時間為參考值，請依照狀況調整。

讓身心都健康！
無麩質飲食是什麼？

「無麩質飲食」由好萊塢名人引領風潮，在日本也大為流行。

麵粉對身體不好？無麩質真的有益健康嗎？

針對諸如此類的疑問和無麩質飲食的優點，在此特別請到以幫助女性維持高雅美麗作為理念，開設並經營「若葉診所」的工藤清加院長作說明。

＼ 請教醫生的意見 ／

若葉診所 院長　工藤清加

若葉診所的院長，也在綜合醫院中從事皮膚科及內科的研究。目前以若葉診所作為據點，提供以健康美容為主的相關的醫療服務，也專注於抗衰老的研究，因此有許多名人VIP造訪。注重從天然的飲食到樂活等自然健康的觀念。

「無麩質飲食是什麼？」

身為美容皮膚科的醫生，當然會聽到病患、朋友和認識的人提出時下流行的美容法、健康法「真的有效嗎？」、「會不會對身體有害？」等疑問。在資訊流通快速的現代，街頭巷尾或是網路常流傳一些關於健康與美容的情報，例如：酵素果汁、水素水、素食主義、低碳水飲食……如此大量的資訊，有些是不正確的，到底要相信哪種說法令人相當困擾。

也因為如此，最近收到許多「無麩質飲食真的好嗎？」的提問。麩質是小麥和大麥中含有的一種蛋白質，小麥的胚乳中含有穀膠蛋白和麥穀蛋白，遇水會轉變成麩質，發展出黏性和彈性。

無麩質飲食是一種不攝取麩質的飲食方法。最近在日本的女性雜誌中，作為能達到減肥和美容效果的方法而受到推廣，對自體免疫疾病「乳糜瀉」也是非常有效的治療方法。對麵粉過敏的「麩質過敏症」和由麩質引發的IgE媒介性過敏反應的「小麥過敏症」的患者，也採用不攝取麩質的食療法。而讓無麩質飲食一躍成名的世界球王諾瓦克・喬科維奇（Novak Djokovic），自從實施無麩質飲食後，成績也飛躍性地提高了。

這種「無麩質飲食」的方法，**由並非擔心過敏而是注重健康的外國名人及運動員親身體驗後，將對身心的正面效果以及成功控制飲食的經驗透過社群媒體傳播，在國外蔚為風潮**。在日本也成為很熱門的話題。

麩質對身體有害嗎？

「乳糜瀉」和「麩質過敏症」的患者攝取了麵粉中所含的麩質之後，會引起小腸發炎，阻礙營養的吸收，然後引發腹瀉、脹氣、過敏性腸症候群、潰瘍、腸癌、貧血、疲勞感、關節痠痛等症狀。

據說麩質也會讓人上癮。我自己也理解麵粉製點心、麵包和麵食的美味，對在節食期間「無論如何就是想吃義大利麵或拉麵，無法不吃麵包」的心情也有痛苦的體會，這些都是**小麥令人上癮**這個說法的來由。攝取麩質容易造成活性氧增加和血糖上升，都是導致老化的原因。此外，對麩質過敏的人若大量攝取麩質，會造成小腸黏膜的損傷，也可能會出現異位性皮膚炎、花粉症、更年期障礙等症狀。

以上所描述的都是「乳糜瀉」和「麩質過敏症」患者的狀況，以沒有麩質或是麵粉過敏的人而言，無法說麩質和麵粉是100％確實有害的。也有「無麩質飲食讓身體更加健康」、「減少疲累感」、「避免飲食過量」等提倡沒有過敏症狀的人也該採用無麩質飲食的說法，但這些說法是否缺乏醫學證明，並且過度提倡「無麩質飲食」，現在也有相關的研究正進行中。

應該要開始實行無麩質飲食嗎？

以現代人的飲食習慣，若要完全避開麩質，必須非常嚴謹。除了麵包、麵食等明顯使用麵粉製作的食品之外，醬油、醬料等生活中常見的調味料也可能含有麩質。如果要在日常生活中完全排除麵粉的攝取，必須仔細檢查食品外包裝和說明書上所標註的原料成分，如此一來「外食或便利商店的便當都可以達到無麩質飲食！」這句話是有可能實現的。

除了小麥過敏或是麩質過敏的人，一般沒有必要100％完全排除日常飲食中的麵粉，過度嚴格要求而造成壓力，反而本末倒置。所以**「不知道身體不好的原因是什麼，先試試看不食用麵粉」、「因為皮膚很粗糙所以減少麵粉的攝取」**這類輕鬆簡單的想法，可能才是開始無麩質飲食的正確理由。

好萊塢名人和運動員親身體驗！
無麩質飲食的好處

無麩質飲食的美容效果

◆防止肥胖

讓無麩質飲食一躍成名的便是「減肥效果顯著！」等吸引人的宣傳語。實際上,不利減肥的並不是麩質,**而是麵粉的主要成分──澱粉所含有的「支鏈澱粉A」會造成血糖急劇上升,導致肥胖**。但無論是什麼原因,人體在攝取小麥後血糖確實會急遽上升,接著胰島素等荷爾蒙便會分泌,使血糖下降,造成空腹感。食用麵粉製的食物,造成血糖重複急遽上升和下降,期間的空腹感容易導致飲食過量。

◆抑制過度的食欲

麩質中的穀膠蛋白在胃中分解後,會轉變為稱作「外啡肽(Exorphin)」的物質,進入腦中。這種外啡肽會造成對麩質的依賴,並促進食欲。這種依賴性就是即使吃飽了卻還是會有「想要吃麵包、甜點、蛋糕等麵食!」等想法的成因。**實行無麩質飲食,就可以抑制過度的食欲。**

◆美肌效果

我曾從實行無麩質飲食的人口中聽過,這種飲食方法有**改善痘痘、粉刺和肌膚乾燥問題的效果**。這有可能是因為無麩質飲食改善了身體整體的狀態,進而改善了肌膚的各種問題。

相反的,對麩質過敏的人如果過度攝取麩質,則會造成小腸黏膜乾燥發炎,阻礙營養素的吸收。隨之而來的便秘會造成痘痘更加嚴重,腸道的健康也會直接影響肌膚,身體不好的狀態會很快反映在肌膚上。

避免攝取小麥的無麩質飲食，有各種美容及促進健康的效果。除了有麩質過敏或是其他過敏症狀的人，即使是健康的個體，減少麩質的攝取也可能會有許多正面效果。

無麩質飲食的健康效果

◆改善腸道運作

　　為原因不明的腹瀉或便秘所困擾的人，有可能是輕度的麩質過敏。這種體質的人，如果食用了含有麩質的麵粉製品，會造成小腸黏膜細胞乾燥，引起發炎，然後阻礙營養素的吸收和代謝、廢物排泄機能失調，造成腹瀉等腸胃不適的症狀。

　　此外，麵粉在精製的過程中流失了許多膳食纖維，食物中的膳食纖維變少，就會減少對於大腸的刺激。雖然搭配生菜沙拉等富有膳食纖維的食物就不會造成問題，但如果在吃了麵包或是義大利麵等含有麩質的食品後，會有便秘或是放臭屁的情形，就有可能是麩質所造成的。

　　麩質過敏的人只要**避免攝取麩質，就可以改善腸胃的狀態。**腸胃的狀態良好，就可以有效率地吸收營養素，**也會減少手臂和胸口的痘痘與皮疹。**

◆減輕疲勞感

　　許多人都有慢性疲勞的情形，已經可以稱為現代的文明病。據說原因之一是腸道受損，小腸損傷會造成營養吸收不足，要是缺乏維生素B和鐵，就無法消除疲勞感。

　　選擇無麩質的飲食方法，就**可改善小腸的運作，吸收充足的營養，進而減輕疲勞感。**

推薦可以持續進行的
「漸進式斷絕」

即使只是減少攝取也有顯著效果！

　　無麩質飲食的效果和效能在前幾頁（P.8至P.11）已經有清楚的描述。實際上，許多食物的原料中都含有小麥，要實行完全不食用小麥的生活，是有點困難的。於是會有「只能放棄實行無麩質飲食嗎？」這種疑問，其實，就算只是減少攝取麩質，也是很有效果的。

　　小麥製的麵包等加工食品，在體內不易分解，使得身體寒冷，導致新陳代謝下降、水腫及疲勞，再加上過度攝取醣類，最後造成體重增加。

　　稍微注意減少麩質的攝取，就能緩解這些不舒服的感覺及症狀。

「美味」是最重要的

　　重點是，不要因為過度嚴格地避開麩質，勒令自己「一點小麥都不能吃」導致很快放棄，而是要一點一點地進行，持續注意小麥的攝取，長期堅持。

　　要能夠長期堅持，美味是一個很重要的因素。如果甜點不能在三餐外提供「真的好好吃啊！」的幸福感、滿足口腹之欲，而造成額外的飲食和飲食過量，反而適得其反。

長期堅持的秘訣是「漸進式斷絕」

　　本書中的食譜，除了使用米粉和黃豆粉之外，也以甜菜糖或蜂蜜代替白砂糖、以豆漿代替牛奶、以椰子油代替奶油，製作出對人體更加溫和的甜點。

　　但是**無麩質飲食並不是完全不食用醣類、乳製品和脂肪的飲食方法。**為了美味和長期堅持，偶爾也可以使用牛奶和奶油製作風味濃郁的甜點，只要不使用麵粉就可以了。

　　請務必將此書活用在輕鬆愉快的無麩質飲食中。

PART
1

不使用麵粉的
甜點製作基礎

基本工具圖鑑

製作本書所介紹的甜點所需要的工具。
全部都是很基本的工具，請務必事先準備好。

1.調理盆

推薦使用不鏽鋼製的調理盆，導熱性較佳。請準備大、中、小不同尺寸的調理盆3至5個。

2.蛋糕散熱架

將放涼出爐的蛋糕和餅乾時使用，利於水蒸汽和熱氣的發散，達到快速散熱的效果。

3.打蛋器

將蛋白或鮮奶油打發，或是將多種食材混合時使用。選擇適合調理盆的大小較為便利。

4.擀麵棍

製作塔皮和餅乾時，用來將麵糰擀成平均厚度。

5.橡皮刮刀

混合和取用食材時使用。選用一體成型的產品會較為衛生，耐熱矽膠材質的更加方便。

6.手持式電動打蛋器

快速將全蛋打發或製作蛋白霜時不可或缺的工具。可調節速度、不須插電的款式較為方便。

7.秤

測量食材重量時必要的工具。製作甜點時，以公克為單位精確測量食材是非常重要的，極力建議使用電子秤。

8.多功能濾網

過篩粉類及過濾液體時所使用，混和好的食材是能否揉成麵糰的關鍵工具。

9.抹刀

將奶油抹平時需要的工具，裝飾蛋糕時不可或缺，有不同大小的抹刀會更加方便。

10.刮板

有混合、揉捏、切割等多種用途的片狀工具。本書中將奶油切成小塊時使用。

\ 代替麵粉 /
「米粉」和「黃豆粉」的特點

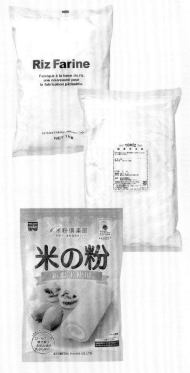

米粉

口感厚實,是麵粉替代品的代表選手

只要是以米磨製的粉都稱為米粉,常用來製作古早味的糰子、餅、仙貝及和菓子等。隨著製粉技術的進步,也可以用於製作麵包、蛋糕、麵食等各種食品。

和米一樣,米粉是無臭無味的,近年作為小麥過敏者的「小麥替代品」而大受歡迎。

米粉分為以糯米製成的白玉粉、道明寺粉,以粳米(蓬萊米)所製成的上新粉、Riz Farine(※)等不同種類,製作甜點時通常是使用顆粒較細的Riz Farine。

米粉製成的甜點比麵粉製成的甜點口感更加厚實,特點是有和米飯一樣的飽足感。但因為缺乏麵粉所含的麩質,若沒有加入泡打粉,發酵膨脹效果就不好。不過相對地,就算不小心加入太多泡打粉也不容易失敗,是個令人開心的特點喔!

※編註:Riz Farine指特別用來製作甜點的米粉,在臺灣常以在來米粉代替

黃豆粉

與合適的食材搭配,表現出黃豆獨特的香味

黃豆粉是以新鮮黃豆直接磨製而成,另有黃豆炒熟過後磨製而成的熟黃豆粉,本書主要使用生黃豆粉。

黃豆粉的特點是醣類含量較低。和一般製作甜點所使用的麵粉比較,1大杯麵粉的醣類含量為6.6g,而相同份量的黃豆粉,醣類含量只有1.6g,約為麵粉的1/4。

黃豆粉含有許多具有美容及減肥效果的營養素,如讓骨骼強健的鈣質、能夠紓解疲勞的維生素B群、抗衰老的維生素E等維生素,還有類似於女性荷爾蒙的大豆異黃酮等不勝枚舉。

但在使用黃豆粉製作甜點時,有可能會膨脹不完全,也容易燒焦,需要特別注意。另外,要表現出黃豆粉特別的香味時,可以搭配一些堅果,把黃豆的香味提引出來。

基本材料圖鑑

在此介紹使用米粉和黃豆粉製作甜點時不可或缺的食材。
本書主要使用了白砂糖和牛奶的替代品。

1.蜂蜜

作為砂糖的替代品，提供甜味。蜂蜜的營養價值很高，有獨特的風味，用於製作甜點可讓味道更加有層次。但是，請注意不要讓1歲以下的嬰幼兒食用。

2.椰子油

用來代替奶油。有淡淡的椰子風味，可以製作出比使用奶油更加酥脆的塔皮。在室溫20℃至25℃以下為固態。

3.米粉

製作無麩質甜點時所使用的主食材。可以製作出口感厚實的米粉糰，建議選用專門用於製作甜點，顆粒較細的米粉。

4.黃豆粉

和米粉一樣，是製作無麩質甜點時不可或缺的食材。作出來的甜會帶有黃豆的香氣。

5.葛粉

在本書代替玉米粉使用。粉末狀使用上十分方便，加入鮮奶油中可以讓鮮奶油更加濃厚，製作出口感酥脆的米粉糰或黃豆粉糰。

6.甜菜糖

在本書代替白砂糖使用。含有比白砂糖更豐富的礦物質，甜味也更加醇厚。會讓鮮奶油和米粉糰或黃豆粉糰呈現淺淺的咖啡色。

7.杏仁粉

增添香甜的堅果味、讓風味更濃厚時使用。因為含有較多油脂，所以容易酸化，選擇新鮮的杏仁粉非常重要。

8.可可粉

本書使用無糖可可粉。可以讓甜點增添可可的風味和顏色，也有巧克力的苦味。

9.泡打粉

烘烤甜點時所使用的膨脹劑，讓米粉糰和黃豆粉糰更加飽滿。和其他的粉類一起過篩之後使用。

10.無鹽奶油

為了不影響甜點的風味，請選擇新鮮、品質好、沒有酸掉的奶油。是左右甜點食感和質感非常重要的食材。

11.豆漿

在本書中作為牛奶的替代品。為了減少黃豆獨特的味道，建議使用調整豆漿。

12.牛奶

本書使用脂肪含量3.5%以上的全脂牛奶，若使用低脂牛奶製作過程會更容易。請使用新鮮的牛奶。

13.蛋

可以讓米粉糰或黃豆粉糰膨脹，也可以讓各種食材混合在一起。本書所使用的是中型的雞蛋。選用新鮮又美味的蛋吧！

1

2

3

4

5

6

7

8

9

10

11

12

13

基本卡士達醬

以豆漿和米粉製作而成的卡士達醬,有著柔和的黃豆風味,
令人懷念。在製作甜點時經常使用。

◆ 米粉卡士達醬

材料（成品約110g）

豆漿 ……………………………… 100㎖
蛋黃 ……………………………… 1個
甜菜糖 …………………………… 25g
米粉 ……………………………… 12g
香草莢 …………………………… 少許

※豆漿可以牛奶代替。

> **保存期限**
> 以保鮮膜封起可冷藏保存2天。

製作方法

1

在鍋中放入豆漿、一半份量的糖、將香
草莢縱向剖開後取出的少許香草籽後,
開火加熱至沸騰。

2

將蛋黃及剩下的另一半糖以打蛋器攪拌
均勻,再加入米粉混合均勻。

3

將步驟2混合好的材料透過濾網,少許
多次地加入步驟1的鍋中。

4

以中大火加熱,持續攪拌到質地變濃
稠。

5

變得濃稠後,盛入調理盆或盤子中,以
保鮮膜封起,整個容器放入冰水中急速
冷卻,便可完成。

不含白砂糖　不含雞蛋

基本米粉糰

酥脆食感的法式酥塔皮（Pâte Sablée）。
是製作塔、餅乾等各種甜點時都會用到的基本米粉糰

◆ 米粉酥塔皮（餅乾米粉糰）

材料（成品約260g）

A	米粉	70g
	葛粉（粉狀）	30g
	杏仁粉	20g
	鹽	1g
	甜菜糖	50g
	無鹽奶油	50g
豆漿		50㎖

※葛粉可以玉米粉代替、無鹽奶油可以固態椰子油代替、豆漿可以牛奶代替。（以椰子油代替無鹽奶油會有些許口感上的差異。）

前置作業

●杏仁粉過篩。
●所有材料冷藏降溫。
●烤盤鋪上烘焙紙。
●烤箱預熱至170℃。

保存期限

步驟4完成的狀態下，以保鮮膜包裹可冷藏保存2日，冷凍保存1個月（使用前須解凍）。

製作方法

1

在調理盆中放入A料後，以刮板混合均勻，再將無鹽奶油切成小塊。

2

以雙手將步驟1調理盆中的粉類和無鹽奶油混合。

3

將豆漿加入調理盆中，混合揉成糰。（此時米粉糰會呈現柔軟、往下垂落的樣子，以保鮮膜包裹後，放入冷藏室中靜置。）

4

可以依據用途以不同方式保存。如果要作成餅乾，就以保鮮膜包裹後，擀平至0.3cm厚。

5

在餅乾模具抹上手粉（份量外的米粉），將米粉糰壓成想要的形狀後，放入冷藏室靜置30分鐘，再放入預熱至170℃的烤箱中烘烤20分鐘，餅乾就完成了。

◆ 米粉派皮（Pâte brisée）

材料（成品約190g）

A	米粉	70g
	葛粉（粉狀）	30g
	鹽	1g
	無鹽奶油	50g
豆漿		50至52㎖

※葛粉可以玉米粉代替、無鹽奶油可以固態椰子油代替、豆漿可以牛奶代替。（以椰子油代替無鹽奶油會有些許口感上的差異。）

前置作業

●所有材料冷藏降溫。
●烤盤鋪上烘焙紙。
●烤箱預熱至170℃。

保存期限

步驟4完成的狀態下，以保鮮膜包裹後可冷藏保存2日，冷凍保存1個月（使用前須解凍）。

製作方法

請參照米粉酥塔皮（本頁上方）的製作方法。

輕度無麩質飲食
也能夠有驚人的變化

過度攝取小麥造成體重的增加！

　　我對於無麩質飲食一直很感興趣的原因是，這10年來，我有一些熟人紛紛發現自己對小麥過敏。幸運的是我到目前都還沒有這方面的症狀，只是工作忙碌時，有在短時間內大量試吃，因而增加小麥攝取的機會，因此有些擔心。此外，近年來有許多關於過度攝取小麥和醣類，會造成體重增加的說法，也是讓我對無麩質飲食一直保持興趣和關注的重要原因。

　　我因為工作的緣故，要實行完全的無麩質飲食是很困難的，但只要保持關注，多少可以避開不好的成分。並不是完全無麩質，而是減少不必要的攝取，特別注意日常的飲食，在工作以外的時間不要攝取小麥，輕鬆地保有無麩質飲食的生活態度。

輕度無麩質飲食讓疲累感一掃而空

　　最先是為了預防過敏和過度肥胖，開始將輕度無麩質飲食融入生活，卻意外發現因**工作久站造成的水腫，還有身體的慢性疲勞都得到了改善。每天的精神都很好**，前一日的疲勞完全消除了。

　　小麥或其他含有麩質的加工食品，食用後不易產生飽足感，所以容易飲食過度。無麩質的飲食不但好吃，也更加有飽足感。

　　因此，無麩質飲食能有效防止暴飲暴食。代謝率上升後，體內多餘的水分就能夠順利排出體外，身體會覺得非常輕鬆。**光是減少麩質的攝取幾天，就能感到神輕氣爽。**

光是留心麩質攝取，就能確實感受到身體的變化！

　　並非完全不攝取麩質，只是留心減少攝取，就會有很大的變化。和普通的減肥方法不同，不需要計算熱量，只需要有意識地減少麩質的攝取。因為簡單，所以容易堅持，而堅持下來就會看到效果。為了改善浮腫而考慮減少攝取醣類的人，也可以先嘗試輕度無麩質飲食，我認為會能深刻感受到身體的顯著變化。

PART
2

米粉甜點

米粉蛋塔 不含白砂糖

塔皮酥脆口感搭配雞蛋香醇風味的絕品！製作方法簡單，
會想要一直製作的美味。

材料（頂部7×底部5×高3cm的樹脂瑪芬模具5個份）

◆米粉派皮

A	米粉	35g
	葛粉（粉狀）	15g
	鹽	1小撮
	無鹽奶油	25g
豆漿		25mℓ

◆蛋奶醬（Appaleil）（約馬芬模型5個份）

蛋黃	2個
甜菜糖	30g
鮮奶油	40g
牛奶	40g
香草莢（縱切後將裡面的香草籽刮出使用）	少許

※塔皮材料中的葛粉可以玉米粉代替、無鹽奶油可以固態的椰子油代替、豆漿可以牛奶代替。（以椰子油替代無鹽奶油會有些許口感上的差異。）

前置作業

●將塔皮材料冷藏。
●烤箱預熱至230℃。

保存・食用方法

烘烤完成後放涼，半日即可食用。可常溫保存1日。

美味的秘訣

使用鮮奶油和牛奶等乳製品，就算不使用麵粉也非常好吃、令人滿足。

製作方法

1
以本頁所標示的材料，依照P.19的步驟製作米粉派皮，分成5等份放入烤模中。

2
將蛋黃、甜菜糖和香草籽混合均勻，加入牛奶和鮮奶油混合成蛋奶醬，然後過篩。

3
將步驟2篩好的蛋奶醬放入步驟1的米粉派皮中至7、8分滿，再放入預熱至230℃的烤箱中烘烤15至17分鐘。烤好後，待蛋塔冷卻便可從烤模中取出完成。

花圈米粉餅乾

不含
白砂糖

不含
雞蛋

裝飾配料
除外

以基本的酥塔皮米粉糰作成可愛的花圈餅乾。
裝飾後包裝好，就是非常精美的禮物。

材料（約12片份）

◆米粉酥塔皮

A	米粉	35g
	葛粉（粉狀）	15g
	杏仁粉	10g
	鹽	1小撮
	甜菜糖	25g
	無鹽奶油	25g
豆漿		25mℓ

◆裝飾配料

巧克力筆（白）…………… 適量
蔓越莓乾、藍莓乾、開心果‥ 各適量

※米粉酥塔皮中的葛粉可以玉米粉代替、無
鹽奶油可以固態的椰子油代替、豆漿可以牛
奶代替。（以椰子油代替無鹽奶油會有些許
口感上的差異。）

前置作業

●將米粉酥塔皮的材料冷藏。
●烤盤鋪上烘焙紙。
●烤箱預熱至170℃。

保存・食用方法

置入密閉容器可保存2日。夏天時
請冷藏保存。完成步驟1尚未烘烤
的狀態可以冷藏保存2日、冷凍保
存1個月（使用前須解凍）。

美味的秘訣

米粉糰中不只有米粉，還加入了葛粉
和杏仁粉。比起只使用米粉的米粉
糰，風味更佳，口感也更加酥脆，在
享用時更有樂趣。

製作方法

1

以本頁所標註的材料，依照P.19
的步驟製作米粉酥塔皮。將米
粉糰以保鮮膜包裹後，作成邊長
12公分的正方形，冷藏2小時。
接著在直徑4cm及2cm的花形模
具抹上手粉（份量外的米粉），
並將米粉糰壓成花圈的形狀。壓
好後冷藏30分鐘，再放入預熱至
170℃的烤箱中烘烤20分鐘。

2

餅乾烤好後放涼，再以巧克力筆
擠在餅乾的表面，並在巧克力凝
固前放上蔓越莓乾、藍莓乾和切
碎的開心果作裝飾，就完成了。

米粉手指餅乾

蓬鬆又清爽的口感讓人心情雀躍，想來點甜食時最適合的點心。
也可依照喜好放上果醬，非常美味。

材料（10×3cm的手指餅乾20至25個份）

蛋黃 ……………………………… 2個
蛋白 ……………………………… 2個
甜菜糖 ……………………………55g
米粉 ………………………………55g
◆裝飾配料
糖粉（也可以使用細的和三盆糖※）適量

※若以和三盆糖取代砂糖，成品即不含白砂糖
※和三盆糖為日本一種以傳統方式製作的高級黑糖

前置作業

● 烤盤鋪上烘焙紙。
● 烤箱預熱至190℃。

保存・食用方法

和乾燥劑一起放入密閉容器中，
便可常溫保存2日。

美味的秘訣

比起以麵粉製作，米粉製的手指餅
乾更加酥脆，輕輕一咬就會在口中崩
解，口感非常清爽。

製作方法

1  以手持式電動打蛋器打發蛋白，然後分次將甜菜糖加入，製作成蛋白霜。

2  加入蛋黃，以橡皮刮刀攪拌均勻，再加入米粉混合均勻。

3  擠花袋裝上直徑1.3cm的圓形花嘴，將混合好的材料放入擠花袋中，在烤盤上擠出數個10×3cm的棒狀。

4  以粉篩將糖粉平均撒上擠好的材料，放入預熱至190℃的烤箱中烘烤13至14分鐘，便可完成。

栗子塔

放入整顆澀皮栗子的奢侈享受。
搭配沒有甜味的塔皮，口味更有層次。

材料（頂部7×底部5×高3cm的樹脂瑪芬模6個份）

◆米粉派皮

A	米粉	70g
	葛粉（粉狀）	30g
	鹽	1g
	無鹽奶油	50g
豆漿		50至52mℓ

◆米粉栗子杏仁奶油霜

無鹽奶油	25g
甜菜糖	25g
蛋	20g
杏仁粉	25g
米粉	8g
栗子奶油霜	30g
蘭姆酒	小匙⅔
澀皮栗子	6個
可可粉	適量

※米粉派皮中的葛粉可以玉米粉代替、無鹽奶油可以固態的椰子油代替、豆漿可以牛奶代替。（以椰子油代替無鹽奶油會有些許口感上的差異。）

前置作業

●烤箱預熱至170℃。
●米粉栗子杏仁奶油霜的所有材料放置至常溫。
●米粉和杏仁粉過篩。

保存・食用方法

烘烤完成冷卻後1日間可食用。在常溫下可保存2日。

美味的秘訣

使用完整的大顆澀皮栗子，同時栗子杏仁糖霜加入米粉呈現濕潤柔軟的口感，是很奢侈的享受。

製作方法

1

以本頁所標註的材料，依照P.19的步驟製作米粉派皮。米粉糰以保鮮膜包裹後，作成20×30cm的長方形，再切成邊長10cm的正方形。切好的派皮分別放入烤模後，冷藏30分鐘。

2

無鹽奶油以打蛋器壓碎後，加入甜菜糖和栗子奶油霜攪拌均勻。

3

少量多次加入打散的雞蛋攪拌均勻，再依序加入蘭姆酒和粉類攪拌均勻。

4

將步驟3混合好的材料分成6等份，放入步驟1的塔皮中，再各放入一個澀皮栗子。接著放入預熱至170℃的烤箱中，烘烤35分鐘。烤好後放涼，從烤模中取出，再撒上可可粉裝飾，就完成了。

卡士達醬雞蛋糕

不含
白砂糖
裝飾配料
除外

不含
奶油
塗抹烤模
除外

加入小蘇打粉是彈性口感和美味的關鍵。
即使放涼了也不會變硬。

材料（容量80至90ml的布丁杯烤模5個份）

◆雞蛋糕米粉糊

米粉 ……………………………… 100g

泡打粉 ……………………………… 2g

小蘇打粉 …………………………… 1g

鹽 ……………………………… 1小撮

蛋 ………………… ½個（約25g）

蜂蜜 ……………………………… 30g

豆漿 ……………………………… 100ml

◆裝飾配料

糖粉、覆盆子粉（裝飾用）…… 各適量

◆卡士達醬內餡（5個份）

米粉卡士達醬（參照P.18）……… 40g

◆覆盆子奶油內餡（5個份）

米粉卡士達醬（參照P.18）……… 30g

冷凍覆盆子果泥 …………………… 12g

◆紅豆奶油內餡（5個份）

米粉卡士達醬（參照P.18）……… 25g

紅豆餡（市售）…………………… 25g

※米粉糊中的豆漿可以牛奶代替。

前置作業

● 在烤模中薄薄抹上一層無鹽奶油（份量外）並撒上一層米粉（份量外）。（若完全不使用奶油，可在樹脂烤模中抹上一層薄薄的菜籽沙拉油。）

● 參照P.18製作卡士達醬。

● 烤箱預熱至170℃。

> **保存‧食用方法**
> ------------------------------
> 放涼後以保鮮膜封起，在常溫下可保存1日。烘烤完成時趁熱享用非常美味。

美味的秘訣

米粉製成的雞蛋糕口感充滿彈性又有飽足感，吃一點點就很滿足。

製作方法

1

將製作覆盆子奶油內餡和紅豆奶油內餡用的米粉卡士達醬，分別與相應的材料混合均勻。

2

將三種內餡分別填入裝好1.3cm圓形花嘴的擠花袋中，在鋪好烘焙紙的盤子上，每種內餡各擠5個圓球，放入冷凍室中冷凍。

3

將米粉、泡打粉、小蘇打粉和鹽放入調理盆中，以打蛋器混合均勻。

4

在另一個調理盆中先將蛋和蜂蜜攪拌均勻後，再加入豆漿攪拌均勻。接著加入步驟3的調理盆中，同樣攪拌均勻。

5

在塗好油的烤模中倒入步驟4攪拌好的材料，至約5分滿（50至55g）後，放入預熱至170℃的烤箱中，烘烤3至4分鐘。將烤箱打開，以湯匙撥開米粉糰，在中央放入步驟2冷凍好的內餡，再以180℃烘烤12至13分鐘。烤好後，再撒上糖粉和覆盆子粉裝飾完成。

米粉果醬林茲餅乾

不含白砂糖（果醬除外）　不含雞蛋

將發源於奧地利林茲的林茲餅乾以無麩質方式製作。
烘烤的過程中就散發出肉桂的香氣，讓人等不及想要品嚐。

材料（25組分）

A	無鹽奶油	100g
	甜菜糖	90g
	鹽	1g
	米粉	140g
	葛粉（粉狀）	60g
B	肉桂粉	5g
	泡打粉	2g
	杏仁粉	20g
豆漿		100mℓ
覆盆子果醬		適量（1個餅乾約使用3g）

※葛粉可以玉米粉代替、無鹽奶油可以固態的椰子油代替、豆漿可以牛奶代替。（以椰子油代替無鹽奶油會有些許口感上的差異。）

前置作業

●將 B 料混合均勻。
●烤盤鋪上烘焙紙。
●烤箱預熱至170℃。
●所有材料冷藏降溫。

保存・食用方法

完成品放入密閉容器，可保存5日左右。步驟4作好的米粉糰以保鮮膜包裹後，可冷藏保存2日，冷凍保存1個月（使用前須解凍）。

美味的秘訣

在較為厚重的米粉糰加入葛粉，可以製作出酥脆的餅乾。加入肉桂粉後香味超群！

製作方法

1

在調理盆中放入A料和B料，以刮板攪拌混合均勻，並將奶油切成小塊。

2

將步驟1調理盆中的粉類與無鹽奶油以雙手搓揉混合。

3

將豆漿加入調理盆中，搓揉成糰。（揉至粉糰呈現柔軟、往下垂落的樣子，便可以保鮮膜包裹，放入冷藏室中靜置。）

4

將保鮮膜包裹的米粉糰，以麵棍擀至0.3cm厚。

5

直徑約4cm的圓形餅乾模抹上一點手粉（份量外的米粉），將米粉糰壓出圓形（餅乾下層）。壓好的圓形米粉糰其中一半，再以直徑約2cm的圓形模具壓出中空（餅乾上層）。

6

將米粉糰冷藏30分鐘後，放入預熱至170℃的烤箱中，烘烤20分鐘。放涼後，在下層的餅乾中央薄薄塗上一層覆盆子果醬，再放上上層的餅乾，完成。

起司咖哩米粉餅乾

使用椰子油的酥脆米粉糰和咖哩非常搭配，
是令人無法抗拒的美味零嘴。

材料（17至18片份）

A	米粉	35g
	葛粉（粉狀）	15g
	鹽	2g
	椰子油（固態）	25g
	咖哩粉	2g
	起司粉	8g
豆漿		25mℓ
黑胡椒		適量

※葛粉可以玉米粉代替、豆漿可以牛奶代替。

前置作業

● 所有材料冷藏降溫。
● 烤盤鋪上烘焙紙。
● 烤箱預熱至170℃。

保存・食用方法

常溫下放入密閉容器，可保存2日左右。步驟4完成的米粉糰以保鮮膜包裹後，可冷藏保存2日，冷凍保存1個月（使用前須解凍）。

美味的秘訣

加入椰子油讓米粉糰質感更輕盈更酥脆。米粉、咖哩粉與起司粉，是最強的組合！

製作方法

1
在調理盆中放入A料，以刮板混合均勻，並將椰子油切成小塊。

2
將步驟1調理盆中的粉類和椰子油以雙手搓揉混合。

3
將豆漿加入調理盆中，搓揉成糰。（揉至粉糰呈現柔軟、往下垂落的樣子，便可以保鮮膜包裹，放入冷藏室中靜置。）

4
將保鮮膜包裹的米粉糰，以擀麵棍擀成邊長15cm的正方形。

5
將米粉糰切成數個兩腰長5cm的等腰三角形，以竹籤在表面戳洞，冷藏30分鐘。

6
放入預熱至170℃的烤箱中烘烤20分鐘。放涼後撒上黑胡椒，就完成了。

米粉司康 不含白砂糖

使用米粉製作的司康，味道清爽高雅。
可以變化出多種口味，有趣又享受。

材料（直徑4cm的司康各4至5個份）

A 原味 B 果乾 C 紅酒藍莓 D 黑芝麻

◆ABCD共同

無鹽奶油	50g
甜菜糖	50g
蛋	25g
米粉	130g
葛粉（粉狀）	50g
泡打粉	6g

◆AB共同

豆漿	75mℓ

◆B果乾司康

水果乾（此處使用葡萄乾、蔓越莓乾等）	20g

◆C紅酒藍莓司康

紅酒	50mℓ
豆漿	20mℓ
藍莓乾	30g

◆D黑芝麻司康

豆漿	45mℓ
椰子油（液體）	10g
黑芝麻醬	15g
黑芝麻粉	30g

※豆漿可以牛奶代替。

前置作業

● 烤盤鋪上烘焙紙。
● 烤箱預熱至200℃。
● 無鹽奶油和雞蛋放至常溫。
● 米粉、葛粉和泡打粉混合均勻。

保存．食用方法

常溫下可保存2日。步驟4完成的米粉糰以保鮮膜包裹後可冷藏保存2日，冷凍保存1個月（使用前須解凍）。

美味的秘訣

以米粉和葛粉製作的司康非常清爽。比起麵粉製作的司康更有飽足感，適合作為早餐。

製作方法

1

ABCD共同
分別在各個調理盆中放入無鹽奶油與甜菜糖，以打蛋器攪拌混合均勻（D的黑芝麻醬也加入一起攪拌）。

2

將蛋分次加入步驟1的調理盆中。

3

將A和B的豆漿、C的豆漿和紅酒、D的椰子油和豆漿，以及混合好的粉類，分別少量多次加入調理盆，以橡皮刮刀攪拌，混合成米粉糰。

4

在步驟3的米粉糰還有一點粉感時，B加入水果乾、C加入藍莓乾、D加入黑芝麻粉，以手混合均勻後，壓成1.5至2cm的厚度，以保鮮膜包裹，放入冷藏室中靜置2小時。

5

直徑4cm的圓形模具抹上手粉（份量外的米粉），將米粉糰壓成圓柱體，排列在烤盤上，表面上刷上蛋液（份量外），再放入預熱至200℃的烤箱中，烘烤20分鐘，便可完成。

紅茶杏桃米粉瑪芬 不含白砂糖

紅茶的風味和杏桃的口感，搭配起來非常美味。
一口咬下，幸福的滋味充滿口中。

材料（頂部6.5×底部4×高4cm的瑪芬模7個份）

無鹽奶油	50g
甜菜糖	65g
蛋	1個
豆漿	50mℓ
米粉	80g
葛粉（粉狀）	30g
泡打粉	2g
半乾杏桃（杏桃罐頭）	30g
紅茶葉（伯爵紅茶茶包中的粉末）	3g

※豆漿可以牛奶代替、葛粉可以玉米粉代替。

前置作業

● 在烤模中放上瑪芬紙杯。
● 烤箱預熱至180℃。
● 所有材料放置至常溫。
● 米粉、葛粉和泡打粉混合均勻。

保存・食用方法

以保鮮膜包裹後常溫保存。出爐
半日以後風味最佳，在陰涼處可
保存4至5日。

美味的秘訣

以米粉和葛粉製作的瑪芬口感鬆軟
清爽。因為控制了甜度，感覺可以一
次吃好幾個。

製作方法

1

在調理盆中放入無鹽奶
油和甜菜糖，以打蛋器
混合均勻。

2

將蛋分次加入調理盆中
攪拌均勻。

3

將一半的粉類加入步驟
2的調理盆中，以打蛋器
輕輕攪拌，再加入豆漿
混合均勻。

4

將剩下的粉類、紅茶葉、
切碎的杏桃加入調理盆
中，以橡皮刮刀攪拌均
勻。

5

將步驟4混合好的材料倒
入模具中，放入預熱至
180℃的烤箱中烘烤20分
鐘，便可完成。

巧克力檸檬米粉蛋糕

自製的糖漬檸檬比起市售的產品，口感更加清爽。
親手製作糖漬水果，使用在蛋糕中，真是極上的美味。

材料（直徑16cm的花型蛋糕模或直徑15cm的圓形蛋糕模1個份）

材料	份量
無鹽奶油	80g
甜菜糖	110g
蛋	95g
杏仁粉	40g
調溫巧克力（可可含量58%）	30g
豆漿	15ml
A 米粉	80g
A 葛粉（粉狀）	15g
A 可可粉	18g
A 肉桂粉	少許
A 泡打粉	2g
糖漬檸檬（參照P.82）	60g
糖粉	適量

※葛粉可以玉米粉代替，豆漿可以牛奶代替。

前置作業

- 烤箱預熱至170℃。
- 蛋糕模抹上無鹽奶油（份量外）和米粉（份量外）。
- 所有材料放置至常溫。
- 杏仁粉過篩。
- A料混合均勻。
- 巧克力隔水加熱至融化
- 依照P.82的食譜製作糖漬檸檬，切成邊長0.5cm的小丁。

保存・食用方法

以保鮮膜包裹後常溫保存。出爐隔日以後風味最佳，在陰涼處可保存4至5日。

美味的秘訣

大家可能不知道，但巧克力和檸檬意外相合。以米粉和葛粉製作的蛋糕體蓬鬆輕盈，不會過於甜膩。

製作方法

1

在調理盆中放入無鹽奶油和甜菜糖，以打蛋器混合均勻。

2

將蛋分次加入調理盆中攪拌均勻。雞蛋加入⅓時，加入杏仁粉攪拌均勻，然後再將剩下的雞蛋分次加入。

3

將隔水加熱後的巧克力和豆漿，依序加入調理盆中攪拌均勻。

4

將混合好的A料，以橡皮刮刀攪拌均勻，在還有一點粉感時，放入糖漬檸檬攪拌均勻。

5

將步驟4混合好的材料倒入模具中，放入預熱至170℃的烤箱中，烘烤45分鐘。放涼後撒上糖粉裝飾，便可完成。

蜂蜜QQ米粉冰淇淋×4

不含砂糖　不含雞蛋　不含乳製品

不使用砂糖、雞蛋和乳製品卻有驚人的美味，
口感Q彈又清爽。

材料（各2至3人份）

◆A香草
米粉 ················· 13g
豆漿 ················· 100mℓ
香草莢（縱切後刮出香草籽使用）
················· 約2cm

◆B可可亞
米粉 ················· 10g
可可粉（過篩） ····· 6g
豆漿 ················· 80mℓ

◆C覆盆子
米粉 ················· 13g
覆盆子果泥（冷凍） ····· 50g
豆漿 ················· 50mℓ

◆D抹茶
米粉 ················· 10g
抹茶粉（過篩） ····· 5g
豆漿 ················· 80mℓ

◆AD共同
蜂蜜 ················· 2大匙

美味的秘訣

充分展現米粉Q彈食感的冰淇淋。沒有使用雞蛋、乳製品和砂糖，對這些食材過敏的小孩也可以安心享用。

製作方法

1

ABCD共同
將蜂蜜以外的材料放入鍋中，開火加熱，以木製鍋鏟攪拌至質地黏稠。

2

將攪拌好的材料盛入調理盆中放涼，再加入蜂蜜。

3

將混合好的材料裝入矽膠模型，以托盤放進冷凍室。

4

冰淇淋冷凍成型後，以食物調理機攪拌。（若沒有食物調理機，請以湯匙多次攪拌。）重複這個步驟2至3次，便可完成。

米粉鬆餅

鬆軟口感和椰子香味在口中瀰漫。
就算不加上任何配料，單吃也非常美味。

不含乳製品
裝飾配料除外

不含砂糖
裝飾配料除外

材料（直徑約13cm的鬆餅4片份）

A	米粉	70g
	小蘇打粉	1g
	泡打粉	1g
鹽		1小撮
蛋		1個
蜂蜜		1大匙
豆漿		40ml
椰子油（液態）		15g

◆裝飾配料

可可粉		2g
蜂蜜		1.5大匙
草莓、鳳梨、藍梅、薄荷葉、冰淇淋、糖粉		各適量

※豆漿可以牛奶代替。

前置作業

●米粉、小蘇打粉和泡打粉混合均勻過篩。

保存・食用方法

米粉糊以保鮮膜包裹後，常溫下可保存2日。煎好的鬆餅以保鮮膜包裹後，可冷凍保存1週，食用前以微波爐加熱。

美味的秘訣

米粉特有的Q彈口感十分美味。使用椰子油，更加健康。

製作方法

1

在調理盆中放入A料和鹽，以打蛋器混合均勻。

2

在另一個調理盆中將蛋、蜂蜜、豆漿和液態椰子油依序加入，混合均勻。再加入步驟1的調理盆中攪拌均勻，作成米粉糊。

3

將平底鍋加熱後，放在濕布上稍微降溫。

4

將步驟2攪拌好的米粉糊取¼，在平底鍋以中小火加熱。表面的⅓起泡時，將米粉糊盛出來，平底鍋再次放到濕布上降溫，再將米粉糊翻面放回鍋中。

5

以中小火加熱1至2分鐘，直到米粉糊可以輕鬆地在鍋面滑動。

6

將鬆餅盛入盤中，配上冰淇淋、水果和糖粉。蜂蜜和可可粉混合均勻後淋在鬆餅上，再以薄荷葉裝飾，就完成了。

刺蝟檸檬塔

不含白
砂糖

裝飾配料
除外

以米粉、甜菜糖和檸檬所製作的糖霜，
有著檸檬茶般的清爽滋味。是一種懷舊風味的創新吃法。

材料（7×5cm的水滴型塔4片份
※尺寸以最長的部分計）

米粉酥塔皮（參照P.19）	½份
檸檬汁	40g
蛋	30g
米粉	8g
甜菜糖	50g
檸檬皮（磨碎）	½個
A 蛋白	35g
A 檸檬汁	¼小匙
A 甜菜糖	35g
巧克力筆	適量

前置作業

● 依照P.19的步驟製作米粉酥塔皮（份量減半），擀成0.3至0.4cm厚。
● 烤箱預熱至170℃。
● 檸檬將皮磨碎，果汁擠出來後，去除果肉和籽。

保存・食用方法

剛出爐至半日間風味最佳。可冷藏保存1日。

美味的秘訣

酸甜清爽的檸檬糖霜中，使用了米粉和甜菜糖，口味溫和純樸。

製作方法

1

以模具將米粉酥塔皮壓成水滴型，放入冷藏室靜置30分鐘至1小時後，放在烤盤上，放進預熱至170℃的烤箱中烘烤20分鐘。

2

在鍋中放入檸檬汁和¾量的甜菜糖煮沸。

3

將蛋和剩下的甜菜糖在調理盆中以打蛋器攪拌，再加入米粉混合均勻。

4

將步驟2煮好的檸檬汁少量多次加入步驟3的調理盆中。

5

將步驟4混合好的材料透過濾網，加入鍋中。

6

加入檸檬皮，以中大火加熱，不斷攪拌。煮至黏稠後盛入調理盆中，放進冰水急速冷卻。

7

將A料的蛋白與檸檬汁混合，以手持式電動打蛋器打發，分次加入A料的甜菜糖，製作成蛋白霜。

8

擠花袋裝上直徑約1.3cm的圓形花嘴，將步驟6冷卻完成的餡料填入擠花袋，在步驟1烤好的餅乾上擠出水滴狀。

9

擠花袋裝上直徑約0.5cm的圓形花嘴，將步驟7作好的蛋白霜填入擠花袋，緊密地擠在步驟8擠好的餡料上，作出刺蝟的刺。

10

以瓦斯槍將步驟9擠上的蛋白霜稍微烤出顏色，再以巧克力筆畫出刺蝟的臉。

米粉奶油泡芙

不含
白砂糖

裝飾配料
除外

以米粉製作令人憧憬的奶油泡芙！
外皮和奶油內餡都加入了豆漿，口味清淡爽口。

材料（6個份）

◆泡芙米粉糊

豆漿	25㎖
水	25㎖
無鹽奶油	23g
甜菜糖	1g
鹽	1小撮
米粉	23g
葛粉（粉狀）	15g
蛋	約1個

◆奶油內餡

米粉卡士達醬（參照P.18）	1份
鮮奶油	100g
甜菜糖	10g
蘭姆酒	1小匙

◆裝飾配料

糖粉	適量

※葛粉可以玉米粉代替，豆漿可以牛奶代替。

前置作業

● 烤箱預熱至200℃。
● 米粉和葛粉混合過篩。
● 參照P.18的步驟與份量製作米粉卡士達醬。

保存・食用方法

冷藏可保存2日。步驟5烘烤完成後，放入保鮮袋中可冷凍保存2週左右（使用前須解凍）。

美味的秘訣

米粉中不含麩質，即使過度攪拌也不易凝固，因此製作奶油內餡時不易失敗。加入豆漿的泡芙外皮和奶油內餡，吃再多也不覺得膩。

製作方法

1

在鍋中放入豆漿、水、無鹽奶油、甜菜糖與鹽，煮至完全沸騰。

2

將過篩後的粉類一口氣加入鍋中，繼續以火加熱。攪拌至鍋底有點成膜後，盛入調理盆中。

3

將蛋分次加入調理盆中，以橡皮刮刀攪拌至挖起來時呈倒三角形掉落，泡芙米粉糊便完成。

4

烤盤薄薄抹上一層奶油（份量外），將步驟3混合好的米粉糊擠成6個圓球，表面再塗上一點蛋液（份量外）。

5

將叉子以水沾濕，在米粉糰上交錯印出格紋，放入預熱至200℃的烤箱中，烘烤18分鐘，再以170℃烘烤7至8分鐘。

6

鮮奶油中加入甜菜糖，打至8分發，加入蘭姆酒和米粉卡士達醬攪拌均勻，作成奶油內餡。

7

步驟5烤好的泡芙放涼後，將上方約⅓的部分切下。在裝上直徑1cm的星形花嘴的擠花袋中，填入步驟6完成的奶油內餡，擠在下方的泡芙上。將上方的泡芙蓋上後，撒上糖粉裝飾後就完成了。

塔丁風蘋果塔

在蘋果盛產的季節請一定要試試這道甜點。作成瑪芬的大小就不需要切開分食，
蘋果可以和塔皮一同烘烤，食用與製作都很方便。

材料（頂部7×底部5×高3cm的樹脂瑪芬模3個份）

◆米粉派皮（基本量的½量）

A	米粉	35g
	葛粉（粉狀）	15g
	鹽	1小撮
	無鹽奶油	25g
豆漿		25ml

◆焦糖蘋果

蘋果（小顆）	1.5顆
甜菜糖	30g
無鹽奶油	20g

◆杏仁奶油

無鹽奶油	18g
甜菜糖	18g
蛋	15g
杏仁粉	18g

◆裝飾配料

鮮奶油	30g
甜菜糖	3g
開心果	適量

※葛粉可以玉米粉代替、無鹽奶油可以固態椰子油代替、豆漿可以牛奶代替。（以椰子油代替無鹽奶油會有些許口感上的差異。）

前置作業

● 烤箱預熱至170℃。
● 參照P.19，以本頁標示的材料份量製作米粉派皮。
● 杏仁奶油的材料放置至常溫。

保存・食用方法

烘烤完成後至1日間食用最佳。常溫下可保存1日左右（夏天時請冷藏）。

美味的秘訣

同時烤好蘋果餡和塔皮，短時間就能完成的甜點。米粉和葛粉酥脆的口感與蘋果搭配，食感絕妙。

製作方法

1

將米粉派皮分成每塊20g的小塊，覆蓋保鮮膜擀平，鋪入烤模中，至塔皮高度約1.5公分，冷藏30分鐘。

2

製作焦糖蘋果。在平底鍋中將無鹽奶油加熱融化，再加入甜菜糖融化。然後加入削皮去芯、切成12等份的蘋果，拌炒至上色。

3

將炒好的蘋果放在烘焙紙上冷卻。

4

製作杏仁奶油。在調理盆中將無鹽奶油以打蛋器壓碎，加入甜菜糖攪拌均勻。

5

將蛋液分次加入步驟4的調理盆中，再將杏仁粉過篩加入。

6

將步驟5混合好的杏仁奶油放到步驟1的塔皮上，每個塔約使用20g的杏仁奶油。

7

烤模未使用的三格放入瑪芬紙杯，放入少量的甜菜糖（份量外），再將步驟3的焦糖蘋果平均放入。

8

將烤模放入170℃的烤箱烘烤35分鐘。出爐放涼後，將塔和蘋果從烤模中取出，以將紙杯翻面的方式，把蘋果放到塔上。撒上甜菜糖和打發的鮮奶油後，再以開心果裝飾。

米粉巴黎——布雷斯特泡芙

以米粉製作法國知名的巴黎——布雷斯特泡芙（Paris-Brest）。
杏仁的味道在口中蔓延開來，充滿奢華感。

材料（直徑約8cm的泡芙4個份）

◆泡芙米粉糊

豆漿	25㎖
水	25㎖
無鹽奶油	23g
甜菜糖	1g
鹽	1小撮
米粉	23g
葛粉（粉狀）	15g
蛋	約1個
杏仁	適量

◆果仁奶油內餡

米粉卡士達醬（參照P.18）	2份量
無鹽奶油	100g
杏仁果仁醬	80g

◆裝飾配料

糖粉	適量

※豆漿可以牛奶代替、葛粉可以玉米粉代替。

前置作業

- 參照P.18製作米粉卡士達醬。
- 果仁醬和無鹽奶油放置至常溫。
- 烤箱預熱至200℃。
- 杏仁切碎。
- 米粉和葛粉混合過篩。

保存·食用方法

冷藏可保存2日。步驟3烘烤完成後，放入保鮮袋中可冷凍保存2週左右（使用前須解凍）。

美味的秘訣

米粉的魅力在於其中不含麩質，因此製作奶油內餡時即使過度攪拌也不易凝固結塊，導致失敗。加入豆漿的泡芙不搭配內餡就很美味，並且口感驚人地清爽。

製作方法

1

依照P.49的步驟1到步驟3完成泡芙米粉糊。

2

在烤盤上薄薄抹上一層奶油（份量外），將直徑7cm的圓形模具沾上手粉（份量外的米粉），於烤盤上印出圓形的記號。

3

將步驟1混合好的米粉糊，填入裝上直徑1cm的圓形花嘴的擠花袋，沿著步驟2印出的圓形記號擠成圓圈，表面塗上些許蛋液（份量外），撒上一點杏仁碎。放入預熱至200℃的烤箱中烘烤18分鐘，再以170℃烘烤7至8分鐘。

4

將無鹽奶油放入調理盆中，以手持式電動打蛋器打至顏色變白（奶油過度融化時，請將整個調理盆放入冰水中操作），再加入杏仁果仁醬和米粉卡士達醬混合均勻，完成奶油內餡。

5

步驟3烤好的泡芙放涼後，橫切成兩半。將步驟4作好的奶油內餡，填入裝上直徑1cm的星形花嘴的擠花袋，在下半部的泡芙上擠兩層，將上半部的泡芙蓋上後，撒上糖粉裝飾即完成。

米粉蜂蜜乳酪捲

帶有淡淡蜂蜜香味和厚實口感的蜂蜜乳酪捲。
以簡單材料就能作出的美味甜點。

材料（26×38cm的烤盤約½個份）

◆蛋糕捲米粉糰

蛋黃 ………………………… 3個
蜂蜜 ………………………… 2大匙
豆漿 ………………………… 15ml
米粉 ………………………… 50g
蛋白 ………………………… 3個

◆蜂蜜乳酪奶油內餡

鮮奶油 ……………………… 150g
奶油乳酪 …………………… 80g
蜂蜜 ………………………… 2大匙

前置作業

●烤盤鋪上烘焙紙。
●烤箱預熱至190℃。

保存・食用方法

冷藏可保存2日。

美味的秘訣

以鮮奶油與奶油乳酪所製成的濃厚奶油內餡，與口感厚實的蛋糕捲搭配絕妙。

製作方法

1

在調理盆中放入蛋黃和蜂蜜，以手持式電動打蛋器打至顏色發白。

2

將豆漿和米粉加入調理盆中，以打蛋器攪拌至完全沒有粉感。

3

在另一個調理盆中，將蛋白以手持式電動打蛋器打發，打至拿起手持式電動打蛋器時，蛋白呈現尖角狀，再以低轉速調整質地。

4

將步驟3打發的蛋白分次加入步驟2的調理盆中，每加一次就快速攪拌均勻。全部的蛋白都加入後，以橡皮刮刀快速攪拌均勻，完成蛋糕捲米粉糊。

5

在鋪好烘焙紙的烤盤上倒入攪拌好的米粉糊，鋪平後放入預熱至190℃的烤箱中，烘烤9至11分鐘。

6

將奶油乳酪放入調理盆中稍微壓鬆，將蜂蜜少量多次加入，以打蛋器攪拌均勻。

7

在另一個調理盆中將鮮奶油打至8分發，少量多次加入步驟6的調理盆中，以橡皮刮刀攪拌均勻，作成奶油內餡。

8

步驟5的蛋糕烘烤完成後放涼，蛋糕其中一端斜切。將步驟7混合好的內餡平均塗抹在蛋糕上，再從沒切好的那端開始捲起，就完成了。

9

將蛋糕捲起的末端向下擺放，以烘焙紙包裹放涼。

香蕉鳳梨米粉椰子磅蛋糕

以少許油分將鳳梨的酸味、香蕉的甜味和椰子的風味徹底表現出來的蛋糕。
在香蕉盛產的季節請務必嘗試製作。

材料（8×18×高6cm的磅蛋糕模型 1個份）

◆炒香蕉和鳳梨

香蕉（全熟）	1根（約90g）
鳳梨	約75g
甜菜糖	20g
椰子油	10g
蘭姆酒	1小匙

◆蛋糕米粉糊

蛋	80g
甜菜糖	60g
米粉	70g
椰子粉	35g
液體椰子油	16g
香蕉	適量
椰子絲	適量

前置作業

● 烤模鋪上烘焙紙。
● 烤箱預熱至170℃。

保存・食用方法

以保鮮膜包裹常溫保存。隔日以後食用風味最佳。在陰涼處可保存4至5日。

美味的秘訣

加入了熟透的香蕉，所以就算沒有使用奶油和麵粉，蛋糕的口感也不會過乾。

製作方法

1

將香蕉切成厚度1公分的圓片，鳳梨切成底面積0.5×0.5cm，長度2至3cm的長方體。

2

在平底鍋中放入椰子油、甜菜糖和香蕉拌炒。待水分炒乾、香蕉碎掉後，加入蘭姆酒關火降溫，再加入鳳梨攪拌均勻。

3

將蛋和甜菜糖加入調理盆中，以手持式電動打蛋器打至濃稠，但會呈帶狀流下來的程度。

4

加入米粉、椰子粉以橡皮刮刀快速攪拌均勻，過程中將步驟2炒好的香蕉和鳳梨加入攪拌均勻。

5

將椰子油加入混合好的米粉糊中混合均勻，倒入鋪上烘焙紙的烤模中。

6

鋪上香蕉片、撒上椰子絲後，放入預熱至170℃的烤箱中烘烤50分鐘，便可完成。

柳橙覆盆子米粉夏洛特

不含白
砂糖
米粉糰
除外

清爽的雙色慕斯加上米粉製成的夏洛特。
視覺上非常華麗，是完美的派對甜點。

材料（直徑16cm的花型蛋糕模型1個份）

米粉手指餅乾（參照P.27）……… 1份

◆柳橙慕斯

柳丁汁 ……………………………	40g
檸檬汁 ……………………………	1小匙
柳丁皮（磨碎）…………………	½個
甜菜糖（A）……………………	65g
蛋黃 ………………………………	1.5個
米粉 ………………………………	5g
吉利丁片 ………………… 1⅓片（約4g）
鮮奶油（A）……………………	90g
君度酒 ……………………………	1小匙

◆覆盆子慕斯

冷凍覆盆子果泥（無糖）………	100g
甜菜糖（B）……………………	25g
鮮奶油（B）……………………	100g
吉利丁片 ………………… 1片（約3g）

◆裝飾配料

柳丁（去皮、去白膜）、覆盆子、細葉
香芹、裝飾用巧克力 ………… 各適量

前置作業

● 參照P.27作好手指餅乾的米粉糰，填
　入裝上直徑1.3公分圓形花嘴的擠花
　袋中。
● 在花型蛋糕模中裝好慕斯圍邊，並以
　透明膠帶固定。
● 烤盤鋪上烘焙紙。
● 烤箱預熱至190℃。
● 過濾柳丁汁及檸檬汁。
● 吉利丁片在冷水中泡軟，然後瀝乾。

> **保存·食用方法**
>
> 冷藏保存2日，冷凍保存1週（食
> 用前須解凍）。

美味的秘訣

奢侈地使用大量鮮奶油的雙色慕斯
就是美味的要點。適合在要慶祝的日
子品嚐的一道甜點。

製作方法

1

以手指餅乾的米粉糰，在鋪好
烘焙紙的烤盤上擠出兩個直徑
分別為10cm與12cm的圓形，
剩下的米粉糰擠成數個8×3cm
的棒狀。將糖粉過篩撒上2
次，放入烤箱以190℃烘烤14
分鐘。

2

在鍋中放入柳丁汁、檸檬汁和¾
的甜菜糖（A），加熱至快要沸
騰。

3

剩下的甜菜糖（A）和蛋黃攪
拌均勻，再加入米粉，分次加
至步驟2的鍋中攪拌均勻。

4

將鍋中的材料不斷攪拌，加入
磨碎柳丁皮，以中大火加熱攪
拌至材料融化。

5

將步驟4的材料盛入調理盆
中，加入吉利丁融化，再整個
調理盆放入冰水中急速冷卻，
然後加入君度酒。

6

鮮奶油（A）打至8分發，和步
驟5的材料混合均勻，作出柳
橙慕斯，倒入蛋糕模型至一半
高度。

7

將手指餅乾切成6cm長，沿著模
型的側面緊密排列，再將步驟
6剩下的柳橙慕斯倒入模型中。
然後放入較小的圓形餅乾，靜
置冷卻。

8

將覆盆子果泥和甜菜糖（B）放
入調理盆中，加入吉利丁隔水
加熱，融化後移至冰水中。

9

鮮奶油（B）打至8分發，將步
驟8的材料少量多次加入攪拌
均勻，作成覆盆子慕斯，再倒
入步驟7蛋糕模中的材料上。

10

將大的圓形餅乾蓋在最上方，
冷卻後再將慕斯圍邊取出。將
蛋糕模型底部稍微浸在溫水
中，然後脫模。裝盤後再放上
裝飾的材料，就完成了。

草莓夾心米粉蛋糕

不含白
砂糖
裝飾配料
除外

使用溫和香甜的米粉所製作的正統草莓蛋糕。
以米粉製作的奶油糖霜充滿懷舊風味，令人欲罷不能。

材料（20.5×16×高3cm的烤盤1個份）

◆米粉蛋糕體
蛋白 ······························ 2個
甜菜糖 ···························· 50g
米粉 ······························· 35g
杏仁粉 ···························· 30g

◆組合／裝飾配料
米粉卡士達醬（參照P.18）········ 200g
（製作2倍量後使用200g）
無鹽奶油 ························· 150g
柑曼怡酒 ························· 2小匙
草莓 ······························· 適量
黑莓 ······························· 適量
覆盆子粉 ························· 適量
金粉、裝飾用巧克力、薄荷 ··· 各適量

前置作業

●參照P.18製作米粉卡士達醬。
●無鹽奶油放置至常溫。
●米粉和杏仁粉混合過篩。
●烤盤鋪上烘焙紙。
●烤箱預熱至170℃。

保存・食用方法

冷藏保存，推薦從冷藏室取出
後，置於常溫5分鐘再享用。

美味的秘訣

不只是蛋糕體，連奶油霜也是無麩
質。使用米粉製作的卡士達醬和加
上奶油製作的奶油霜，和草莓非常搭
配，而且充滿懷舊的風味。

製作方法

1

在調理盆中將蛋白以手持式電
動打蛋器打發，打至發泡後將
甜菜糖分次加入，繼續打發製
作成蛋白霜。

2

將粉類加入調理盆中，以橡
皮刮刀攪拌均勻，作成米粉
糊，倒入烤盤中，放入預熱至
170℃的烤箱中烘烤15分鐘。
蛋糕體烘烤完成後，置於散熱
架上放涼。

3

無鹽奶油以手持式電動打蛋器
攪拌至顏色變白後，將米粉卡
士達醬分次加入，每次加入後
都攪拌均勻。最後再加入柑曼
怡酒混合均勻，完成奶油霜。

4

將步驟2放涼的蛋糕體對切成
兩半，在其中一片上將步驟3
製作好的奶油霜平均地薄塗一
層，再將草莓整齊排列在奶油
霜上。

5

在草莓之間擠上奶油霜，再於
草莓上平均地薄塗一層奶油
霜，最後將另一塊蛋糕體蓋在
上方。

6

將剩下的奶油霜，依照自己的
喜好以奶油刀塗抹裝飾在蛋糕
上。將蛋糕的4邊切齊後，再
放上裝飾配料完成。

使用米粉和黃豆粉製作甜點時，
請注意這幾點！

Q 使用米粉和黃豆粉製作甜點時，可以直接將一般食譜中的麵粉，替換為等量的米粉或黃豆粉製作嗎？

A 大部分的甜點都可以直接將麵粉替換為米粉，但是麩質占重要角色的派類甜點則不能如此製作。而黃豆粉和麵粉的吸水率不同，因此不能直接等量替換，在大多數的狀況下，需要的量比麵粉少一點。另外，麵粉和米粉不同，如果要強調粉的風味，在製作甜點時就需要考慮各種材料的特性及用量。建議參考本書食譜中的米粉、黃豆粉用量和搭配使用的材料，再應用於其他種類的甜點上。

Q 使用剩下的米粉和黃豆粉要如何保存呢？

A 米粉要避免高溫和潮濕的環境，保存在陰涼處。為了避免濕氣影響米粉的品質，建議放入密封的容器保存。黃豆粉因含有較多脂質，容易氧化，無法長期保存，建議裝入密閉容器後冷藏保存，並且盡快使用完畢。如果是脫脂黃豆所製成的黃豆粉，則可以在常溫下保存。

Q 製作甜點時，米粉和黃豆粉需要過篩嗎？

A 米粉的粒子比較細，也不容易結塊，所以可以不過篩直接使用。但是，要和泡打粉、杏仁粉、可可粉等其他粉類一起使用時，建議混合後一起過篩。黃豆粉的顆粒大小會因品牌、製造商而不同，且脂質的含量較高容易結塊，建議和麵粉一樣過篩後使用。

Q 使用米粉和黃豆粉製作甜點時，過度攪拌也沒關係嗎？

A 麵粉中含有的穀膠蛋白和麥穀蛋白遇水後會轉變為麩質，麩質就是讓麵糰有嚼勁且保持彈性的重要元素。過度攪拌會讓麵糰變硬，所以使用麵粉製作甜點時，要盡量減少不必要的攪拌。米粉和黃豆粉則不含麩質，所以就算過度攪拌也不會使成品過硬，有不容易製作失敗的優點。但是，如果和奶油或雞蛋之類的材料一起攪拌太久，米粉糰或黃豆粉糰的狀態會產生變化，雖然不用小心翼翼，但還是要注意不要花太多時間。

PART
3

黃豆粉甜點

黃豆粉堅果雪球

不含白砂糖 不含雞蛋
裝飾配料除外

堅果和黃豆粉的風味讓雪球的滋味更有層次。
是初學者也不容易失敗＆可輕鬆完成的魅力甜點。

材料（20至25個份）

◆黃豆粉糰

黃豆粉	50g
甜菜糖	15g
鹽	少許
無鹽奶油	45g
核桃	10g
杏仁	10g

◆裝飾配料

細的和三盆糖（或糖粉）……適量

前置作業

● 核桃、杏仁於烤箱中以130℃乾烤20
　分鐘後，切成邊長0.5cm的小塊。
● 烤盤鋪上烘焙紙。
● 烤箱預熱至170℃。
● 所有材料放置至常溫。
● 黃豆粉過篩。

保存・食用方法

置於密閉容器中可保存2日。步
驟3完成的黃豆粉糰可冷藏保存2
日，冷凍保存1個月（使用前須解
凍）。

美味的秘訣

黃豆粉和堅果類非常適合搭配，兩種
香氣混合在一起，風味更是豐富。

1

在調理盆中將無鹽奶油
壓碎後，加入甜菜糖和
鹽，攪拌到顏色變白。

2

將黃豆粉加入調理盆
中，以橡皮刮刀攪拌，過
程中一邊加入堅果類，
再以手將調理盆中的材
料搓揉成糰。

3

將揉好的黃豆粉糰以保
鮮膜包裹後，於冷藏室
中靜置1小時。

4

將黃豆粉糰搓成數個約
5g的小圓球後，冷藏30
分鐘，再將小圓球置於
烤盤上，放入烤箱中以
170℃烘烤18至20分鐘。

5

烘烤完成後，將雪球趁
熱放入細和三盆糖（或
糖粉）中，均勻滾上一
層。等雪球冷卻後，再以
相同方法裹上一層細和
三盆糖後即完成。

黃豆粉瑪芬

只要將材料混合後烘烤就能完成的簡單黃豆粉瑪芬。
裝飾配料十分酥脆清爽，非常適合作為點心享用。

材料（頂部7×底部5×高3cm的樹脂瑪芬模每種口味各3個共6個份）

◆A原味瑪芬

黃豆粉	20g
葛粉（粉狀）	18g
泡打粉	2g

◆B可可瑪芬

黃豆粉	18g
葛粉（粉狀）	18g
泡打粉	2g
可可粉	5g

◆A、B共同

無鹽奶油	100g
甜菜糖	90g
鹽	1小撮
蛋	80g
豆漿	25mℓ
杏仁碎粒	適量

◆裝飾配料

可可粉	5g
蜂蜜	20g

※豆漿可以牛奶代替、葛粉可以玉米粉代替。

前置作業

● 在烤模中放上瑪芬紙杯。
● 烤箱預熱至180℃。
● 所有材料放置至常溫。
● 粉類混合過篩。

保存・食用方法

以保鮮膜包裹後常溫保存，出爐半日以後食用最佳。在涼爽處可保存2至3日。

可可粉和堅果緩和黃豆粉的腥味，將香氣襯托得更加明顯。

製作方法

1

A、B共同
在調理盆中將無鹽奶油、甜菜糖和鹽以打蛋器混合，攪拌到顏色變白。

2

將蛋分次加入調理盆中攪拌均勻，再加入豆漿攪拌均勻。

3

將步驟2攪拌好的原料分成兩份，放入不同的調理盆中。將A、B的粉類分別加入調理盆中，作成黃豆粉糊。

4

將黃豆粉糊裝入放好的瑪芬紙杯中，撒上杏仁碎粒後，放入烤箱中以180℃烘烤20分鐘。

5

將裝飾用的蜂蜜和可可粉攪拌均勻，依照個人喜好淋在瑪芬上裝飾，就完成了。

黃豆粉巧克力餅乾

將黃豆粉糰作成棒狀後冷凍，需要時再烘烤就可以享用的冰盒餅乾。
非常推薦試著學會熟練製作的一道甜點。

材料（12片份）

無鹽奶油 ………………………… 50g
甜菜糖 …………………………… 35g
蛋 …………………………………… 15g
黃豆粉 …………………………… 50g
可可粉 …………………………… 8g
泡打粉 ………………………… 少許
榛果 ……………………………… 10g
巧克力豆 ………………………… 12g

前置作業

●所有材料放置至常溫。
●榛果於烤箱中以130℃乾烤20分鐘後
　切碎。
●黃豆粉、泡打粉和可可粉混合過
　篩。
●烤盤鋪上烘焙紙。
●烤箱預熱至170℃。

保存・食用方法

放入密閉容器可常溫保存2日。步
驟3完成的黃豆粉糰可冷凍保存1
個月（使用前須解凍）。

美味的秘訣

可可和黃豆都屬於豆類，非常適合
搭配在一起。雖然使用黃豆粉，但是
香味毫不遜色於使用麵粉製作的餅
乾。非常推薦作為大人的下午茶甜
點。

製作方法

1

在調理盆中將無鹽奶
油、甜菜糖以打蛋器混
合攪拌到顏色變白。

2

將蛋分成2次加入調理
盆中攪拌均勻，將工具
換成橡皮刮刀後，加入
粉類攪拌均勻，過程中
一邊加入榛果和巧克力
豆。

3

以手將調理盆中的材料
搓揉成糰後，形塑成尺
寸約直徑4cm、長12至
13cm的棒狀。以保鮮膜
包裹後，於冷凍室中靜
置1至2小時。

4

將黃豆粉糰切成厚度1公
分的圓片，排放於烤盤
上，放入烤箱中以170℃
烘烤25分鐘，便可完成。

黃豆粉熔岩巧克力蛋糕

人氣巧克力甜點增添了黃豆粉的香味，讓蛋糕顯得更加豐盛。
令人憧憬的經典甜點也可以無麩質喔！

材料（容量130㎖的布丁杯或直徑6cm的烤模3個份）

調溫甜巧克力（可可含量58%）· 70g
無鹽奶油 ……………………… 50g
蛋 ……………………………… 2個
甜菜糖 ………………………… 40g
黃豆粉 ………………………… 20g
糖粉、香草冰淇淋、薄荷葉、可可粉 ‥
…………………………… 各適量

前置作業

● 模型塗上一層無鹽奶油（份量外）後，再抹上黃豆粉（份量外）。
● 烤箱預熱至200℃。
● 黃豆粉過篩。

保存・食用方法

步驟3完成的黃豆粉糊可冷藏保存3日，冷凍保存2週（解凍後再烘烤）。

美味的秘訣

巧克力和黃豆粉的香味不但非常和諧，更有充滿高級感的豐醇味道。

製作方法

1

巧克力和無鹽奶油一起隔水加熱至融化。

2

將雞蛋和甜菜糖以打蛋器混合均勻後，將步驟1融化好的無鹽奶油和巧克力加入混合。

3

將黃豆粉加入調理盆中攪拌均勻，完成黃豆粉糊，再分成3等份（1份約90g），分別倒入模型中，然後冷藏2小時以上。

4

放入烤箱中以180℃烘烤10分鐘。

5

以盤子扣在模型上後翻轉，將烤好的蛋糕脫模，然後撒上糖粉和可可粉，再搭配香草冰淇淋和薄荷葉，即可享用。

黃豆粉海綿蛋糕棒棒糖

端出來會引發歡呼聲的可愛甜點也可以無麩質。
只需要簡單的海綿蛋糕黃豆粉糰就能製作，還能變化各種造型，請一定要試試看。

材料（動物造型約3個，圓形約4個份）

◆黃豆粉海綿蛋糕
　直徑12cm的蛋糕模型1個

蛋黃	2個
蜂蜜	2大匙（約42g）
太白芝麻油	2小匙
黃豆粉	30g
杏仁粉	10g
蛋白	2個

◆中心本體

黃豆粉海綿蛋糕（參照P.79）………
……………………………………… 55g
奶油乳酪 …………………………… 80g
杏仁 ………………………………… 適量

◆裝飾配料

巧克力（牛奶巧克力、白巧克力、草莓巧克力）…………………… 各適量
巧克力筆、銀色糖珠、裝飾糖粉 ……
………………………………… 各適量
緞帶 ………………………………… 適量

前置作業

- 杏仁於烤箱中以130℃乾烤約20分鐘。
- 奶油乳酪放置至常溫。
- 以本頁所列材料，參照P.79的步驟製作黃豆粉海綿蛋糕。

保存・食用方法

置於密閉容器中冷藏可保存2至3日。

美味的秘訣

與黃豆粉和奶油乳酪都非常合適的巧克力，將兩種材料的美味都襯托出來。

製作方法

1

黃豆粉海綿蛋糕以手撕碎放入調理盆中，將放置至常溫的奶油乳酪分次加入攪拌均勻。然後以手將材料作成4個20g、3個15g的圓球。

2

在20g的圓球上插上杏仁作為動物的耳朵。

3

將巧克力隔水加熱後，將棒棒糖棒子的一端沾上少量巧克力，插入步驟2作好的圓球中，然後冷藏30分鐘。

4

將3種顏色的巧克力隔水加熱融化後，包裹在步驟3冷卻好的蛋糕上。

5

待表面的巧克力凝固後，以裝飾糖粉、銀色糖珠和巧克力筆裝飾。最後將緞帶綁在棒子上，就完成了。

抹茶白豆沙黃豆磅蛋糕

加入了白豆沙而質地濕潤，但由於使用黃豆粉，口感比外觀更加清爽。
切塊後就可以直接以手取用。

材料（6.5×18×高5.5cm的磅蛋糕模型1個份）

無鹽奶油	90g
白豆沙	85g
煉乳	20g
蛋黃	2個
蛋白	2個
甜菜糖	40g
黑甜豆	30g
黃豆粉	30g
杏仁粉	20g
抹茶	10g

前置作業

● 所有材料放置至常溫。
● 黃豆粉、杏仁粉和抹茶粉混合過篩。
● 烤模鋪上烘焙紙。
● 烤箱預熱至170℃。

保存・食用方法

以保鮮膜包裹後常溫保存，出爐隔日後食用最佳。置於陰涼處可保存4至5日。

美味的秘訣

熟黃豆粉是以炒熟的黃豆製作，也屬於黃豆粉的一種。如同熟黃豆粉經常被使用於和菓子中，生黃豆粉與和風食材搭配也非常優異。

製作方法

1

在調理盆中將無鹽奶油以打蛋器攪拌開，再依序加入白豆沙和煉乳攪拌均勻。

2

在步驟1的調理盆中，一次加入1個蛋黃攪拌均勻。

3

在另一個調理盆中將蛋白以手持式電動打蛋器打發，打到發泡之後將甜菜糖分2至3次加入，繼續打發製作成蛋白霜。

4

將步驟3的蛋白霜加入步驟2的調理盆中，以打蛋器攪拌均勻，盆中殘留的蛋白霜以像皮刮刀刮進步驟3的調理盆中，攪拌均勻。

5

將篩好的粉類加入盆中，一邊將對切的甜黑豆加入，一起攪拌均勻。混合完成後倒入模型中，放入烤箱中以170℃烘烤50分鐘就完成了。

黃豆粉鬆餅

不含白砂糖
裝飾配料
除外

熱量較高的鬆餅改以黃豆粉製作，不但充滿了黃豆的香氣和風味，
還大大減少了醣類的含量。能夠盡情享受喜歡的鬆餅而不會有罪惡感。

材料（直徑約13cm的鬆餅3片份）

黃豆粉	70g
泡打粉	2g
鹽	1小撮
豆漿	70ml
蛋	1個
甜菜糖	15g
無鹽奶油	20g

◆裝飾配料

冰淇淋、熟黃豆粉、薄荷葉、黑糖
蜜、巧克力醬 …………………各適量

※豆漿可以牛奶代替。

前置作業

● 黃豆粉和泡打粉混合過篩。
● 無鹽奶油隔水加熱至融化。

保存・食用方法

黃豆粉糊以保鮮膜封口，在常溫下
可保存2日。煎好的鬆餅以保鮮膜
包裹後，可冷凍保存1週（食用前
以微波爐加熱）。

美味的秘訣

熟黃豆粉和生黃豆粉就像兄弟一般
適合搭配！充滿香氣的鬆餅佐以同樣
香氣四溢的熟黃豆粉，簡直就是極上
的享受。

製作方法

1

在調理盆中放入粉類和
鹽，以打蛋器攪拌混合
均勻。

2

另取一個調理盆放入
蛋、甜菜糖、豆漿和無鹽
奶油，混合均勻。再加入
步驟1的調理盆中攪拌均
勻。

3

將平底鍋加熱後，放在
濕布上稍微降溫。將⅓
步驟2攪拌好的黃豆粉
糊倒入鍋中，以湯匙將
鍋裡的黃豆粉糊塑成圓
形。

4

煎至黃豆粉糊可以輕
鬆在鍋中滑動時，再次
將平底鍋移至濕布上降
溫。將米粉糊翻面，同樣
煎黃豆粉糊可以輕鬆在
鍋中滑動，再以中小火
加熱1至2分鐘。

5

將鬆餅在盤中疊起後配
上冰淇淋、黃粉、黑糖蜜
和薄荷葉，再淋上巧克力
醬，便可享用。

黃豆粉水果鮮奶油蛋糕

使用香甜清爽的海綿蛋糕所製作成的水果鮮奶油蛋糕。
製作成小尺寸，不論是作為禮物或自己享用都非常適合。

材料（直徑12cm的圓形蛋糕模1個份）

◆海綿蛋糕黃豆粉糊

蛋黃	2個
蜂蜜	2大匙（42g）
太白芝麻油	2小匙
黃豆粉	30g
杏仁粉	10g
蛋白	2個

◆組合/裝飾配料

鮮奶油	250㎖
蜂蜜	20至30g
草莓、香蕉、藍莓、薄荷葉	各適量
糖漿（水40㎖、蜂蜜10g混合）	

前置作業

●黃豆粉、杏仁粉混合過篩。
●在烤模中放上瑪芬紙杯。
●烤箱預熱至160℃。

保存・食用方法

冷藏可保存2日。

美味的秘訣

以黃豆粉製作的蛋糕比起麵粉製作的蛋糕，口感更加清爽。以蜂蜜代替砂糖、太白芝麻油代替奶油，作出的鮮奶油也更不膩口。

製作方法

1

在調理盆中將蛋黃加入蜂蜜，以手持式電動打蛋器打發至顏色變白，再加入太白芝麻油攪拌均勻。

2

將粉類加入步驟1的調理盆中，以打蛋器攪拌均勻。

3

另取一個調理盆，將蛋白以手持式電動打蛋器打發，打至拿起手持式電動打蛋器時，蛋白會呈現尖角狀的程度。

4

將步驟3打發的蛋白霜，分次加入步驟2的調理盆中，以橡皮刮刀攪拌均勻，殘留的蛋白霜也刮入調理盆攪拌均勻，作成海綿蛋糕黃豆粉糊。

5

將黃豆粉糊倒入模型中，放入烤箱中以160℃烘烤10分鐘後，再以150℃烘烤20分鐘。

6

將步驟5烤好的蛋糕放涼，再橫切成兩半，切口塗上糖漿。

7

鮮奶油加入蜂蜜打發，塗抹在步驟6切下的其中一片蛋糕上，放上對切的草莓和切片的香蕉後，再塗上一層鮮奶油。

8

將另一片塗好糖漿的蛋糕蓋上，最上層也塗上一層糖漿。以奶油刀在整個蛋糕上薄薄塗抹一層鮮奶油（基底），再於上方塗抹上更多的鮮奶油（主要裝飾）。

9

依照喜好在上層擠花裝飾，再放上水果及薄荷葉完成。

黃豆粉楓糖紅茶捲

結合紅茶奶油霜的滑順口感和楓糖的溫和香味的一道絕品。
以黃豆粉製作的清爽蛋糕體就是美味的祕密。

材料（26×38cm的烤盤½個份）

◆楓糖蛋糕

A	蛋	1個
	蛋黃	1個
	楓糖粉	30g
B	蛋白	1個
	楓糖粉	10g
黃豆粉		10g
杏仁粉		5g

◆焦糖堅果

C	核桃	20g
	榛果	10g
細白砂糖		15g
無鹽奶油		適量

◆紅茶奶油霜

D	牛奶	100g
	甜菜糖	17g
E	蛋黃	2個
	甜菜糖	18g
黃豆粉		6g
紅茶葉（伯爵）		10g
鮮奶油		100g

◆組合／裝飾配料

楓糖漿		1小匙
熱水		2小匙
F	鮮奶油	130g
	楓糖粉	12g
裝飾用巧克力		適量

前置作業

●烤盤鋪上烘焙紙。
●烤箱預熱至210℃。
●楓糖蛋糕用的黃豆粉、杏仁粉混合過篩。
●將核桃和榛果於烤箱中以130℃乾烤20分鐘。

美味的秘訣

楓糖漿、紅茶、堅果類等富有香味和風味的材料，能夠完全去除黃豆粉的腥味，吃起來齒頰留香。

保存・食用方法

冷藏可保存2日。

製作方法

1

將A料於調理盆中隔水加熱，至人體皮膚的溫度後移出，以手持式電動打蛋器打發至會呈帶狀流下的程度。

2

將B料打發，作成蛋白霜，加入步驟1的調理盆中，以橡皮刮刀攪拌均勻。

3

加入粉類切拌均勻，倒入鋪好烘焙紙的烤盤中，放進210℃的烤箱中烘烤7至10分鐘。烤好後取出放涼備用。

4

將細白砂糖放入鍋中加熱，待顏色稍微變深後加入C料，拌炒至顏色呈現喜歡的深淺後，加入無鹽奶油。

5

將烤好的堅果撒在鋪著烘焙紙的托盤上放涼後，將其中¾份量切碎。

6

在鍋中加入D料，加熱至快煮沸時加入紅茶葉，關火蓋上鍋蓋燜10分鐘，再過濾至另一個鍋中。

7

將E料在調理盆中攪拌均勻，依序加入黃豆粉和步驟6過濾好的奶茶，混合均勻後倒回鍋中以中大火加熱攪拌，至質地變濃稠後，倒入調理盆中以冰水急速冷卻。

8

將鮮奶油打至8分發，分成多次加入步驟7的調理盆中，以橡皮刮刀攪拌均勻，完成紅茶奶油霜。

9

將熱水加入楓糖漿中，以刷子塗抹在步驟3烤好的蛋糕上，再平均抹上步驟8作好的紅茶奶油霜、撒上一半步驟5的焦糖堅果，以手將蛋糕捲起來。

10

將F料打至8分發，填入裝上直徑1cm圓形花嘴的擠花袋中，擠在蛋糕捲的表面，再依照喜好放上裝飾配料，就完成了。

糖漬水果 & 果醬的製作方法

糖漬檸檬

材料（方便製作的份量）

檸檬 ……………………2個
水 ……………………150g
甜菜糖 ……………………90g

蜂蜜草莓果醬

材料（方便製作的份量）

草莓
…… 去除蒂頭後淨重400g
蜂蜜 ……………………80g
檸檬汁 ……………………1大匙

製作方法

1  將檸檬仔細洗淨後，切成厚度0.3至0.5cm的薄片。

2  在鍋中將水（份量外）煮沸，放入步驟1切好的檸檬。燙1至2分鐘後，以濾網瀝乾水分。重複這個步驟3次。

3  將材料中的水加入甜菜糖加熱至沸騰，加入步驟2燙好的檸檬關火。完全冷卻後放入冷藏室保存。

製作方法

1  將草莓洗淨後去除蒂頭，以廚房紙巾吸乾水分。

2  將草莓放入調理盆中，較大的草莓對切成兩半。加入蜂蜜攪拌均勻後，靜置1小時。

3  在鍋中放入步驟2的草莓，以大火加熱。以木製鍋鏟攪拌避免燒焦，並撈去雜質。

4  將檸檬汁加入步驟3的鍋中，煮至質地順滑後，倒入高溫消毒過的玻璃瓶中，蓋上蓋子後倒放冷卻。

【保存】

很快就要使用時，
置於容器中以保鮮膜封口。

要保存較長時間時，
放入密閉容器中，
置於冷藏室5日左右。

【將保存用的玻璃瓶煮沸消毒】

將洗乾淨的有蓋玻璃瓶，放入水中加熱10至15分鐘直到沸騰。趁熱以乾淨的抹布將玻璃瓶取出，將剛作好的熱果醬沿著瓶口邊緣倒入，蓋上蓋子後倒放冷卻。徹底的清潔和殺菌可以讓果醬在常溫下保存半年，開封後就要冷藏保存。若果醬很快就會食用，可以將酒精含量35%以上的蒸餾酒（white liquor）倒入玻璃瓶中，蓋上蓋子搖晃玻璃瓶消毒，擦乾後使用。這種簡單的消毒方法只能短期保存果醬，保存的時間則取決於果醬的成分，大約在1至2個月以內。開封後同樣要冷藏保存。

PART
4

雲朵麵包

雲朵麵包的基本作法

如名稱所示，有著雲朵般蓬鬆柔軟的食感。
不只是麵粉，連其他粉類都沒有使用。

材料（直徑8至9cm的麵包4片份）

奶油乳酪 ……………………………… 20g
蛋黃 ……………………………………… 1個
甜菜糖 …………………………………½小匙
蛋白 ……………………………………… 1個
泡打粉 …………………………………¼小匙

前置作業

●烤盤鋪上烘焙紙。
●烤箱預熱至170℃。
●奶油乳酪放置至常溫。

保存・食用方法

將每塊雲朵麵包分別以保鮮膜包
裹後冷凍，可保存約10個月（使
用前須常溫解凍）。

製作方法

1
在調理盆中將奶油乳酪以打蛋器壓碎，加入蛋黃攪拌均勻後，再加入甜菜糖攪拌至顏色變白。

2
在另一個調理盆中將蛋白加入泡打粉，以手持式電動打蛋器打發，打至拿起手持式電動打蛋器時蛋白呈現尖角。

3
將步驟2打發的蛋白霜加入步驟1的調理盆中，以打蛋器攪拌均勻。

4
以橡皮刮刀將盆中殘留的蛋白霜全部刮至步驟1的調理盆中，攪拌均勻。

5
將攪拌好的原料分成4等份，放在鋪著烘焙紙的烤盤上，以湯匙調整成圓形。

6
放進烤箱中以170℃烘烤15分鐘後，置於網架上冷卻，便可完成。

楓丹白露風雲朵三明治

帶有些微酸味的奶油霜和輕柔的雲朵麵包非常搭配。
只要學會製作這種奶油霜，就可以有多變的運用方式。

材料（直徑8至9cm的三明治2個份）

◆雲朵麵包 4片

奶油乳酪 ……………………………… 20g
蛋黃 ………………………………… 1個
甜菜糖 …………………………… ½小匙
蛋白 ………………………………… 1個
泡打粉 …………………………… ¼小匙

◆奶油霜（A原味奶油霜，B 巧克力奶油霜） 各1個份（共2個份）

鮮奶油 …………………………………50g
酸奶油 …………………………………50g
甜菜糖 …………………………………10g
調溫牛奶巧克力（B使用）………15g

◆裝飾配料

蜂蜜草莓果醬（參照P.82）…… 適量
調溫牛奶巧克力（B使用）…… 適量
糖粉、可可粉、各式水果…… 各適量

前置作業

●烤盤鋪上烘焙紙。
●烤箱預熱至170℃。
●將奶油霜使用的調溫牛奶巧克力隔水加熱融化。

保存・食用方法

冷藏可保存2日。

美味的秘訣

這是一道有滿滿奶油內餡的甜點，但使用雲朵麵包大大減少了醣類的含量。

製作方法

1

參照P.84的步驟製作雲朵麵包。

2

將鮮奶油加入甜菜糖打至8分發，再將壓散的酸奶油分次加入調理盆中，以橡皮刮刀攪拌均勻。

3

將攪拌好的奶油霜分成2等份，其中1份加入融化的調溫牛奶巧克力，攪拌均勻（**B**）。

4

將步驟3的奶油內餡分別填入2個裝上直徑1cm圓形花嘴的擠花袋中，分別擠在2片雲朵麵包上。

5

在**A**的雲朵麵包上放上水果、中央放上蜂蜜草莓果醬，**B**的雲朵麵包上放上水果和削成薄片的巧克力。將另外2片雲朵麵包蓋上之後，依照喜好撒上糖粉和可可粉，就完成了。

喀哩喀哩巧克力咖啡堅果捲

巧克力混合堅果作出的米香，有著喀哩喀哩的酥脆口感。
只使用了1個雞蛋，製作成單手就能掌握的大小，容易操作又充滿趣味。

材料（6×12cm的麵包捲1個份）

◆雲朵麵包 1片（16×20.5cm、底部12×17cm的深烤盤1個份）

奶油乳酪	20g
蛋黃	1個
甜菜糖	½小匙
即溶咖啡粉	½小匙
蛋白	1個
泡打粉	¼小匙
長山核桃	10g

◆喀哩喀哩巧克力奶油內餡

	長山核桃	5g
	米香	7g
A	調溫牛奶巧克力	10g
	杏仁果仁醬	6g
鮮奶油		60g
甜菜糖		5g
調溫甜巧克力（可可含量58%）		20g
可可粉		適量

前置作業

● 烤盤鋪上烘焙紙。
● 烤箱預熱至170℃。
● 長山核桃於烤箱中以130℃乾烤後，
  切成邊長0.5cm的小塊。
● 調溫甜巧克力、調溫牛奶巧克力分別
  隔水加熱融化。

保存・食用方法

冷藏可保存2日。

美味的秘訣

鬆軟的雲朵麵包配上酥脆的胡桃，口感非常有層次。

製作方法

1

參照P.84的步驟，將即溶咖啡粉和蛋黃、甜菜糖一起加入後，將材料倒入鋪著烘焙紙的烤盤中，輕輕以湯匙抹平。撒上長山核桃後，放入烤箱中以170℃烘烤15分鐘。

2

將A料以橡皮刮刀攪拌均勻後，平均放在鋪好烘焙紙的托盤上，置於冷藏室冷卻凝固。

3

將鮮奶油加入甜菜糖打至8分發，將調溫甜巧克力加入調理盆中，快速攪拌均勻，作成奶油內餡。

4

將攪拌好的奶油內餡，平均塗抹在步驟1烤好的雲朵麵包上，撒上步驟2製作的胡桃後，以手將雲朵麵包捲起來，再依照喜好撒上可可粉，就完成了。

抹茶鬆餅三明治風
雲朵麵包×2

口感蓬鬆的雲朵麵包搭配奶油內餡與紅豆非常美味。
奶油內餡的製作步驟相當簡單，請一定要將這道甜點加入點心陣容中。

材料（直徑10至13cm的三明治3個份）

◆雲朵麵包 3片

奶油乳酪 ·························· 20g
蛋黃 ···································· 1個
甜菜糖 ····························· ½小匙
蛋白 ···································· 1個
泡打粉 ····························· ¼小匙
抹茶粉 ····························· ⅓小匙

◆奶油內餡 A（1個份）

鮮奶油 ······························ 30g
甜菜糖 ·································· 3g

◆奶油內餡B（2個份）

鮮奶油 ······························ 40g
抹茶粉 ·································· 1g
調溫白巧克力 ···················· 20g

◆裝飾配料

熟紅豆（含糖的市售商品）·45至60g
抹茶粉 ······························ 適量

前置作業

● 烤箱預熱至170℃。
● 烤盤鋪上烘焙紙。
● 調溫白巧克力隔水加熱融化。

保存·食用方法

冷藏可保存2日。

美味的秘訣

雲朵麵包的味道樸實，所以與和風食材非常搭配。

製作方法

1

參照P.84的步驟製作雲朵麵包，抹茶粉和蛋黃、甜菜糖一起加入後，將原料分成3等份，倒入鋪好烘焙紙的烤盤中，以湯匙調整成圓形。放入烤箱中以170℃烘烤13至15分鐘。

2

將奶油內餡A的鮮奶油加入甜菜糖打至8分發，作成原味奶油內餡。

3

將奶油內餡B的鮮奶油加入抹茶粉打至8分發。

4

將調溫白巧克力加入步驟3的調理盆中，快速攪拌均勻，作成抹茶奶油內餡。

5

將步驟2的原味奶油內餡塗抹在步驟1烤好的雲朵麵包其中半邊，放上⅓份量的熟紅豆。另2片麵包也以同樣的方式，依序塗上步驟4的抹茶奶油內餡和熟紅豆。將雲朵麵包對摺，再依照喜好撒上抹茶粉，就完成了。

雲朵披薩

製作成尺寸較小的法式小點（canapé）風格非常新鮮有趣。
熱量令人在意的披薩改以雲朵麵包製作，變得清爽無負擔。

材料（直徑18至20cm的披薩1片份）

◆雲朵麵包 1片

奶油乳酪	20g
蛋黃	1個
甜菜糖	½小匙
蛋白	1個
泡打粉	¼小匙

◆配料（1個份）

番茄泥	50g
大蒜	⅓瓣
奧勒岡（乾燥）	適量
鹽、白胡椒	各少許
培根、洋蔥、橄欖、蘑菇	各適量
披薩起司	適量
羅勒、橄欖油	適量

※茹素者請自行替換配料

前置作業

●烤盤鋪上烘焙紙。
●烤雲朵麵包時烤箱預熱至烤170℃。
●烤披薩時烤箱預熱至220℃。

保存・食用方法

保存期1日左右。新鮮出爐時最美味。

美味的秘訣

雲朵麵包作成的餅皮口感清爽，不但可以作為正餐，也可以當作點心。在意熱量的人也可以沒有罪惡感地享用。

製作方法

1

參照P.84的步驟製作雲朵麵包，將材料倒入鋪著烘焙紙的烤盤中，以湯匙調整成圓形。放入170℃的烤箱中，烘烤13至15分鐘。

2

將番茄泥加入切碎的大蒜、奧勒岡、鹽和白胡椒攪拌均勻，平均塗抹在烤好的雲朵麵包上。（也可以市售的披薩醬料代替）。

3

將培根切成約0.5cm寬、洋蔥切成細絲、橄欖切片、蘑菇切薄片，放在塗好番茄醬的餅皮上，再平均撒上披薩起司。放入烤箱中以220℃烘烤10分鐘（將披薩起司烤至偏好的顏色）。烤好後再加上羅勒和橄欖油，就完成了。

雲朵三明治×2

減少了醣類的含量，可以沒有罪惡感地享受夾滿喜歡的配料，令人開心的三明治。
就像一般的三明治一樣，可以不同材料作成不同口味。

材料（邊長約6cm的三明治2組份）

◆雲朵麵包 1片（16×20.5cm、底部12×17cm的烤盤1個份）

奶油乳酪	20g
蛋黃	1個
甜菜糖	½小匙
即溶咖啡粉	½小匙
蛋白	1個
泡打粉	¼小匙

◆烤牛肉三明治

烤牛肉	適量
萵苣或其他葉菜	適量
番茄	1至2片
切達起司	1片
芥末籽醬	1小匙
白酒醋	½小匙
醬油	½小匙
鹽、白胡椒	各適量
無鹽奶油	適量

◆鮮蝦酪梨三明治

酪梨	½個
熟蝦仁	適量
蘑菇	1個
檸檬汁	1小匙
鹽、白胡椒	各適量
美乃滋	適量

※茹素者請自行替換配料

前置作業

●烤盤鋪上烘焙紙。
●烤箱預熱至170℃。
●參照P.84製作雲朵麵包。

保存・食用方法

冷藏可保存1日。

 美味的秘訣

清爽的雲朵麵包夾入滿滿材料作成的三明治，適合大口享用。

1 將雲朵麵包材料倒入鋪著烘焙紙的烤盤中鋪平，放入烤箱中以170℃烘烤15分鐘。烤好後將雲朵麵包切成4等份，其中2片塗上無鹽奶油。再於這2片中的其中1片放上生菜和番茄。

2 將芥末籽醬、白酒醋、醬油、鹽和白胡椒混合均勻後，塗抹在步驟1的雲朵麵包上，再放上烤牛肉。

3 於烤牛肉上放上切達起司，蓋上另一片麵包後，對角切成2個三角形。

4 酪梨去皮去籽後，加入檸檬汁、鹽和白胡椒，在調理盆中壓碎攪拌均勻。

5 將蘑菇切碎後，加入步驟4的調理盆中攪拌均勻。

6 將步驟5混合好的材料塗抹在步驟1剩下的雲朵麵包其中1片上，放上熟蝦仁、擠上美乃滋後，蓋上另一片雲朵麵包，對角切成2個三角形。將2種口味的三明治各取1個疊在一起後，以牙籤戳穿固定，就完成了。

烘焙　良品 80

無麵粉＋低醣＋低脂＝好吃！
33道零麩質的米粉&黃豆粉甜點

作　　　者／木村幸子
譯　　　者／范思敏
發　行　人／詹慶和
總　編　輯／蔡麗玲
執　行　編　輯／陳昕儀
編　　　輯／蔡毓玲・劉蕙寧・黃璟安・陳姿伶・李宛真
執　行　美　編／周盈汝
美　術　編　輯／陳麗娜・韓欣恬
出　版　者／良品文化館
發　行　者／雅書堂文化事業有限公司
郵政劃撥帳號／18225950
戶　　　名／雅書堂文化事業有限公司
地　　　址／220新北市板橋區板新路206號3樓
電　子　信　箱／elegant.books@msa.hinet.net
電　　　話／(02)8952-4078
傳　　　真／(02)8952-4084

2018年08月初版一刷　定價350元

小麦粉なしでもこんなにおいしい! 米粉と大豆粉のお菓子
©Sachiko Kimura & Shufunotomo Infos Co., Ltd. 2017
Originally published in Japan by Shufunotomo Infos Co., Ltd.
Translation rights arranged with Shufunotomo Co., Ltd.
Through Keio Cultural Enterprise Co., Ltd.

經銷／易可數位行銷股份有限公司
地址／新北市新店區寶橋路235巷6弄3號5樓
電話／(02)8911-0825
傳真／(02)8911-0801

國家圖書館出版品預行編目(CIP)資料

無麵粉＋低醣＋低脂=好吃！33道零麩質的米粉
&黃豆粉甜點 / 木村幸子作；范思敏翻譯.
-- 初版. -- 新北市：良品文化館出版：雅書堂文
化發行, 2018.08
　面；　公分. --(烘焙良品；80)
譯自：小麦粉なしでもこんなにおいしい! 米粉
と大豆粉のお菓子
ISBN 978-986-96634-3-4(平裝)

1.點心食譜

427.16　　　　　　　　　　107011455

木村幸子

洋菓子研究家。南青山人氣甜點教室「洋菓子教室 Trois Sœurs」的主辦人。有許多開發與監修無麩質、低醣、使用蜂蜜製作的溫和甜點食譜的經驗。參與許多甜點店、企業的商品開發及監修、出演、協調許多電視、雜誌和網路專題。2012年2月創下「最大巧克力雕刻」的金氏世界紀錄。著有《憧れのゴージャスチョコレシピ─３５７ステップでできる!》、《大人のパンケーキ&フレンチトースト》、《ハロウィンパーティレシピ》、《日がしあわせになるはちみつ生活》（皆為主婦の友インフォス）等書籍。

Trois Sœurs http://ameblo.jp/troissoeurs/
Instagram 帳號 trois_soeurs

STAFF

裝幀・內頁設計／谷由紀惠
攝影／八幡宏
造型／中嶋美穗
校對／株式會社ぷれす
責任編輯／岡田澄枝（主婦の友インフォス）
攝影協力／UTUWA tel 03-6447-0070
監修／工藤清加（わかばクリニック院長）
素材提供・協力／TOMIZ（富澤商店）
　　　　　　　　Tel 042-776-6488
　　　　　　　　http://tomiz.com

烘焙良品 19
愛上水果酵素手作好料
作者：小林順子
定價：300元
19×26公分·88頁·全彩

烘焙良品 20
自然味の手作甜食
50 道天然食材&愛不釋手
的 Natural Sweets
作者：青山有紀
定價：280元
19×26公分·96頁·全彩

烘焙良品21
好好吃の格子鬆餅
作者：Yukari Nomura
定價：280元
21×26cm·96頁·彩色

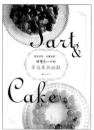

烘焙良品22
好想吃一口的
幸福果物甜點
作者：福田淳子
定價：350元
19×26cm·112頁·彩色+單色

烘焙良品23
瘋狂愛上! 有幸福味の
百變司康&比司吉
作者：藤田千秋
定價：280元
19×26 cm·96頁·全彩

烘焙良品 25
Always yummy！
來學當令食材作的人氣甜點
作者：磯谷 仁美
定價：280元
19×26 cm·104頁·全彩

烘焙良品 26
一個中空模型就能作!
在家作天然酵母麵包&蛋糕
作者：熊崎 朋子
定價：280元
19×26cm·96頁·彩色

烘焙良品 27
用好油，在家自己作點心：
天天吃無負擔·簡單作又好吃
作者：オズボーン未奈子
定價：320元
19×26cm·96頁·彩色

烘焙良品 28
愛上麵包機! 按一按，超好
作の45款土司美味出爐!
使用生種酵母&速發酵母配方都OK!
作者：桑原奈津子
定價：280元
19×26cm·96頁·彩色

烘焙良品 29
Q軟喔! 自己輕鬆「養」玄米
酵母 作好吃の30款麵包
養酵母3步驟·新手零失敗!
作者：小西香奈
定價：280元
19×26cm·96頁·彩色

烘焙良品 30
從養水果酵母開始，
一次學會究極版老麵×法式
甜點麵包30款
作者：太田幸子
定價：280元
19×26cm·88頁·彩色

烘焙良品 31
麵包機作的唷!
微油烘焙38款天然酵母麵包
作者：濱田美里
定價：280元
19×26cm·96頁·彩色

烘焙良品 32
在家輕鬆作，
好食味養生甜點&蛋糕
作者：上原まり子
定價：280元
19×26cm·80頁·彩色

烘焙良品 33
和風新食感·
超人氣白色馬卡龍
40種和菓子內餡的精緻甜點筆記!
作者：向谷地馨
定價：280元
17×24cm·80頁·彩色

烘焙良品 34
48道麵包機食譜特集!
好吃不發胖的低卡麵包PART.3
作者：茨木くみ子
定價：280元
19×26cm·80頁·彩色

烘焙良品 35
最詳細的烘焙筆記書I
從零開始學餅乾&奶油麵包
作者：稻田多佳子
定價：350元
19×26cm·136頁·彩色

烘焙良品 36
彩繪糖霜手工餅乾
內附156種手繪圖例
作者：星野彰子
定價：280元
17×24cm·96頁·彩色

烘焙良品37
東京人氣名店
VIRONの私房食譜大公開
自家烘焙5星級法國麵包!
作者：牛尾 則明
定價：320元
19×26cm·96頁·彩色

烘焙良品 38
最詳細的烘焙筆記書II
從零開始學起司蛋糕&瑞士卷
作者：稻田多佳子
定價：350元
19×26cm·136頁·彩色

烘焙良品 39
最詳細的烘焙筆記書III
從零開始學戚風蛋糕&巧克力蛋糕
作者：稻田多佳子
定價：350元
19×26cm·136頁·彩色

烘焙良品40
美式甜心So Sweet！
手作可愛的紐約風杯子蛋糕
作者：Kazumi Lisa Iseki
定價：380元
19×26cm・136頁・彩色

烘焙良品41
法式原味＆經典配方：
在家輕鬆作美味的塔
作者：相原一吉
定價：280元
19×26公分・96頁・彩色

烘焙良品42
法式經典甜點
貴氣金磚蛋糕：費南雪
作者：菅又亮輔
定價：280元
19×26公分・96頁・彩色

烘焙良品43
麵包機OK！初學者也能作
黃金比例的天然酵母麵包
作者：濱田美里
定價：280元
19×26公分・104頁・彩色

烘焙良品44
食尚名廚の超人氣法式土司
全錄！日本30家法國吐司名店
授權：辰巳出版株式会社
定價：320元
19×26 cm・104頁・全彩

烘焙良品45
磅蛋糕聖經
作者：福田淳子
定價：280元
19×26公分・88頁・彩色

烘焙良品46
享瘦甜食！
砂糖OFFの豆渣馬芬蛋糕
作者：粟辻早重
定價：280元
21×20公分・72頁・彩色

烘焙良品47
一人喫剛剛好！零失敗の
42款迷你戚風蛋糕
作者：鈴木理惠子
定價：320元
19×26公分・136頁・彩色

烘焙良品48
省時不失敗的聰明烘焙法
冷凍麵團作點心
作者：西山朗子
定價：280元
19×26公分・96頁・彩色

烘焙良品49
棍子麵包・歐式麵包・山形吐司
揉麵＆漂亮成型烘焙書
作者：山下珠緒・倉八冴子
定價：320元
19×26公分・120頁・彩色

烘焙良品66
清新烘焙・酸甜好滋味の
檸檬甜點45
作者：若山曜子
定價：350元
18.5×24.6 cm・80頁・彩色